**高等院校电子信息与电气学科特色教材**

DSP技术与应用实践教程

刘伟 主编

李莹 薛玉利 副主编

清华大学出版社

北京

内 容 简 介

本书以"内容够用、理论够简、强调实践"为基本思路,结合实例,以实用为目标讲述 DSP 技术。首先介绍 DSP 技术的硬件结构和指令系统等相关理论知识,为读者提供一定的专业基础知识,然后重点介绍利用汇编语言和 C 语言对 TMS320C54x 系列 DSP 进行应用程序开发的实例,着重强调 DSP 技术的实践应用。

本书可作为高等院校 DSP 技术相关课程的教学参考书,也可以作为自学者学习 DSP 技术的辅导材料。

图书在版编目(CIP)数据

DSP 技术与应用实践教程/刘伟主编. —北京:清华大学出版社,2017(2024.8重印)
(高等院校电子信息与电气学科特色教材)
ISBN 978-7-302-46661-1

Ⅰ. ①D… Ⅱ. ①刘… Ⅲ. ①数字信号处理-高等学校-教材 Ⅳ. ①TN911.72

中国版本图书馆 CIP 数据核字(2017)第 036008 号

责任编辑:张 玥 薛 阳
封面设计:常雪影
责任校对:焦丽丽
责任印制:沈 露

出版发行:清华大学出版社
   网   址:https://www.tup.com.cn,https://www.wqxuetang.com
   地   址:北京清华大学学研大厦 A 座   邮 编:100084
   社 总 机:010-83470000   邮 购:010-62786544
   投稿与读者服务:010-62776969,c-service@tup.tsinghua.edu.cn
   质量反馈:010-62772015,zhiliang@tup.tsinghua.edu.cn
   课件下载:https://www.tup.com.cn,010-83470236
印 装 者:涿州市般润文化传播有限公司
经 销:全国新华书店
开 本:185mm×260mm   印 张:13   字 数:314 千字
版 次:2017 年 6 月第 1 版   印 次:2024 年 8 月第 6 次印刷
定 价:45.00 元

产品编号:054624-02

随着我国高等教育逐步实现大众化以及产业结构的进一步调整，社会对人才的需求出现了层次化和多样化的变化，这反映到高等学校的定位与教学要求中，必然带来教学内容的差异化和教学方式的多样性。而电子信息与电气学科作为当今发展最快的学科之一，突出办学特色，培养有竞争力、有适应性的人才是很多高等院校的迫切任务。高等教育如何不断适应现代电子信息与电气技术的发展，培养合格的电子信息与电气学科人才，已成为教育改革中的热点问题之一。

目前我国电类学科高等教育的教学中仍然存在很多问题，例如在课程设置和教学实践中，学科分立，缺乏和谐与连通；局部知识过深、过细、过难，缺乏整体性、前沿性和发展性；教学内容与学生的背景知识相比显得过于陈旧；教学与实践环节脱节，知识型教学多于研究型教学，所培养的电子信息与电气学科人才还不能很好地满足社会的需求等。为了适应 21 世纪人才培养的需要，很多高校在电子信息与电气学科特色专业和课程建设方面都做了大量工作，包括国家级、省级、校级精品课的建设等，充分体现了各个高校重点专业的特色，也同时体现了地域差异对人才培养所产生的影响，从而形成各校自身的特色。许多一线教师在多年教学与科研方面已经积累了大量的经验，将他们的成果转化为教材的形式，向全国其他院校推广，对于深化我国高等学校的教学改革是一件非常有意义的事。

为了配合全国高校培育有特色的精品课程和教材，清华大学出版社在大量调查研究的基础之上，在教育部相关教学指导委员会的指导下，决定规划、出版一套"高等院校电子信息与电气学科特色教材"，系列教材将涵盖通信工程、电子信息工程、电子科学与技术、自动化、电气工程、光电信息工程、微电子学、信息安全等电子信息与电气学科，包括基础课程、专业主干课程、专业课程、实验实践类课程等多个方面。本套教材注重立体化配套，除主教材之外，还将配套教师用 CAI 课件、习题及习题解答、实验指导等辅助教学资源。

由于各地区、各学校的办学特色、培养目标和教学要求均有不同，所以对特色教材的理解也不尽一致，我们恳切希望大家在使用本套教材的过程中，及时给我们提出批评和改进意见，以便我们做好教材的修订改版工作,使其日趋完善。相信经过大家的共同努力,这套教材一定能成为特色鲜明、质量上乘的优秀教材,同时,我们也欢迎有丰富教学和创新实践经验的优秀教师能够加入到本丛书的编写工作中来!

清华大学出版社

高等院校电子信息与电气学科特色教材编委会

联系人：王一玲 wangyl@tup. tsinghua. edu. cn

前言

数字信号处理(DSP)是一门涉及多门学科并广泛应用于很多科学和工程领域的新兴学科,其以数字的形式对信号进行加工处理,以便提取有用的信息并进行有效的传输与应用。随着计算机技术和信息技术的飞速发展,DSP 技术已经在信号处理、通信系统、控制系统等多个领域得到广泛应用。

为了适应 DSP 技术的发展,很多高校都开设了与 DSP 技术相关的课程,但是目前关于这方面的书大部分都是以介绍 DSP 技术的理论知识为主,以实践应用介绍为主的书籍较少。本书以美国 TI 公司在信号处理领域广泛应用的 TMS320C54x 芯片为对象编写此书,力求将 DSP 的软件和硬件基础进行简要介绍,重点突出如何利用汇编语言、C 语言和MATLAB 语言将数字信号处理中的常用算法在 DSP 中实现。

本书共分 8 章。第 1 章对 DSP 进行概述,主要介绍 DSP 的定义,DSP 的研究内容和实现方法,DSP 芯片的特点、分类、选择和应用等。第 2 章介绍 TMS320C54x 系列 DSP 的硬件结构,包括基本的硬件结构、总线结构、中央处理器、存储器、中断系统以及片内外设等。第 3 章介绍DSP 系统设计和开发的基本方法和过程,包括 DSP 系统的构成、设计过程、软硬件开发流程等。第 4 章介绍 CCS 集成开发环境,包括 CCS 的安装和使用方法。第 5 章介绍 TMS320C54x 汇编语言程序设计方法,包括汇编语言的寻址方式、指令系统以及利用汇编语言进行 DSP 程序开发的典型实例。第 6 章介绍 TMS320C54x C 语言程序设计方法,包括 C 语言的使用方法、利用 C 语言进行 DSP 程序开发的典型实例以及利用 C 语言和汇编语言进行混合编程的方法。第 7 章介绍了 MATLAB 软件在DSP 设计中的应用,包括 MATLAB 软件的基本使用方法、CCSLink 的使用方法以及如何利用 MATLAB 语言实现 DSP 中的常见算法。第 8章介绍现代 DSP 系统设计,以 Altera 公司的 DSP Builder 为例,介绍其设计流程和应用实例。每章后面都提供习题以供参考和巩固。

本书由刘伟担任主编,第 1～第 5 章由刘伟编写,第 6 章由李莹编写,第 7 和第 8 章由薛玉利编写,全书由刘伟统稿,南京大学的方元教授对本书提出了许多宝贵的意见。在编写的过程中,得到了上海师范大学天华学院领导和多位同事的支持和帮助,在此一并表示衷心的感谢。

由于编者水平有限,疏漏在所难免,欢迎批评指正。

编　者

2017 年 4 月

目录

第1章

DSP 概 述

1.1 数字信号处理

信号处理是指将信号从一种形式转换成另一种形式,即把记录在某种媒体上的信号进行处理,以便抽取出有用信息的过程,它是对信号进行提取、变换、分析、综合等处理过程的统称。

数字信号处理,也就是信号的数字化处理,是一门涉及多个学科并广泛应用于很多科学和工程领域的新兴学科。数字信号处理是利用计算机或专用处理设备,以数字的形式对信号进行分析、采集、合成、变换、滤波、估算、压缩、识别等加工处理,以便提取有用的信息并进行有效的传输与应用。

DSP 可以代表数字信号处理技术(Digital Signal Processing),也可以代表数字信号处理器(Digital Signal Processor)。前者是理论和计算方法上的技术,后者是指实现这些技术的通用或专用可编程微处理器芯片。

数字信号处理包括以下两个方面的内容。

1. 算法的研究

算法的研究是指如何以最小的运算量和存储器的使用量来完成指定的任务,随着算法的改进,运算处理速度得到了大幅提高,也使得算法真正得到了实际应用。20 世纪 60 年代出现的快速傅里叶变换(FFT)就是其中一个典型的例子,它使数字信号处理技术发生了革命性的变化。

例 1.1 对于一幅 1024×1024 的图像,用 100 万次/秒复乘运算的计算机进行处理,利用 DFT 和利用 FFT 所需要的时间分别为多少?

解 对于 N 点的 DFT,其复乘运算次数为 N^2,N 点的 FFT,其复乘次数为 $(N \cdot \log_2 N)/2$。

因此,利用 DFT 所需要的时间为 $\dfrac{(1024 \times 1024)^2}{100 \times 10\,000} \approx 10^6 (\text{s})$。

利用 FFT 所需要的时间为 $\dfrac{\frac{1024 \times 1024}{2} \log_2 (1024 \times 1024)}{100 \times 10\,000} \approx 10 (\text{s})$。

由此可见,FFT 的出现使得用计算机进行实时图像处理成为可能。

例 1.2 对于分辨率为 640×480 的彩色电视画面图像,每秒播放 30 帧画面,则一秒钟的数据量为多少?

解 一秒钟的数据量为：

$$640 \times 480 \times 24 \times 30b = 221.12Mb$$

因此，播放一秒钟的数据需要 221Mb/s 的通信回路。在 10MB/s 带宽网上进行实时传输，需压缩到原来数据量的 0.045；1 张 CD 可存 640MB 的内容，如不压缩，仅可以存 2.89s 的数据。

由此可见，若没有算法的改进，信号的存储和传输都会受到很大限制。近几年来，数字信号处理的算法得到了迅速的发展，诸如语音与图像的压缩编码、识别与鉴别，信号的调制与解调、加密和解密，信道的辨识与均衡，智能天线，频谱分析等各种快速算法都成为研究的热点、并取得了长足的进步，为各种实时处理的应用提供了算法基础。

2. 数字信号处理的实现

数字信号处理的实现是用硬件、软件或软硬结合的方法来实现各种算法。数字信号处理的实现一般有以下几种方法。

（1）软件实现

软件实现的方法就是用户通过自己编写程序（如 Fortran、C 语言）在通用计算机（PC）上实现数字信号处理。此方法易调试、费用低，但速度慢，不适合实时数字信号处理，一般用于教学和仿真研究。

（2）专用加速处理机实现

在通用计算机系统中加入专用的加速处理机实现，用以增强运算能力和提高运算速度，但由于其专用性强，不适合嵌入式应用，使其应用受到限制。

（3）单片机实现

单片机的接口性能良好，运算速度也不断提高，但由于单片机采用冯·诺依曼结构，处理乘法累加运算的速度慢，只能用于不太复杂的数字信号处理，不适合于以乘法-累加运算为主的密集型 DSP 算法。

（4）通用 DSP 芯片实现

用通用的可编程 DSP 芯片实现，具有可编程性和强大的处理能力，可完成复杂的数字信号处理的算法，在实时 DSP 领域中处于主导地位。

（5）专用 DSP 芯片实现

可用在要求信号处理速度极快的特殊场合，相应的信号处理算法由内部硬件电路实现。用户无须编程，但专用性强，应用受到限制。

1.2　DSP 芯 片

DSP 芯片是一种具有特殊结构的微处理器。DSP 芯片的内部采用程序和数据分开的哈佛结构，具有专门的硬件乘法器，广泛采用流水线操作，提供特殊的 DSP 指令，可以用来快速实现各种数字信号处理算法。

1.2.1　DSP 芯片的特点

DSP 芯片的主要特点包括哈佛结构、多总线结构、流水线操作、多处理单元、高运算精度、快速的指令周期、特殊的 DSP 指令以及专用的硬件单元等。这些特点使得 DSP 芯片可以实现快速的 DSP 运算,并使大部分运算(如乘法)能够在一个指令周期内完成。

1. 采用哈佛结构

DSP 芯片普遍采用数据总线和程序总线分离的哈佛结构或改进的哈佛结构,比传统处理器的冯·诺依曼结构有更快的指令执行速度。各种结构如图 1.1 所示。

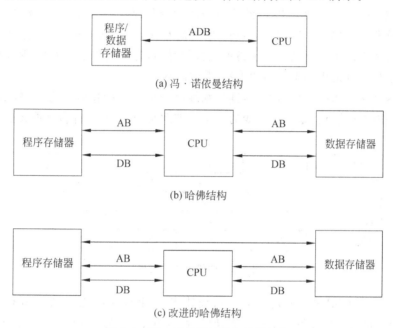

图 1.1　冯·诺依曼结构与哈佛结构

冯·诺依曼(Von Neumann)结构的特点是单存储空间和单一的地址和数据总线,即程序指令和数据共用一个存储空间,取指令和取操作数都是通过一条总线分时进行的。

哈佛(Harvard)结构采用程序存储器和数据存储器分开的双存储空间,有各自独立的程序总线和数据总线,这大大地提高了数据处理能力和指令的执行速度,非常适合于实时的数字信号处理。

改进型的哈佛结构采用双存储空间和数条总线,即一条程序总线和多条数据总线,且允许程序空间和数据空间的数据传送,大大提高了指令的执行速度,其特点如下。

(1) 允许在程序空间和数据空间之间相互传送数据,使这些数据可以由算术运算指令直接调用,增强芯片的灵活性。

(2) 提供了存储指令的高速缓冲器(cache)和相应的指令,当重复执行这些指令时,只需读入一次就可连续使用,不需要再次从程序存储器读出,从而减少了指令执行所需要的时间。例如 TMS320C6200 系列的 DSP,整个片内的程序存储器都可以配制成高速缓冲结构。

2. 采用多总线结构

许多 DSP 芯片都采用多总线结构,可以同时进行取指令和多个数据存取操作,并由辅助寄存器自动增减地址进行寻址,使 CPU 在一个机器周期内可多次对程序空间和数据空间进行访问,大大地提高了 DSP 的运行速度。

3. 采用流水线技术

流水线(pipeline)技术是指在程序执行时多条指令重叠进行操作的一种准并行处理实现技术。流水线的工作方式就像工业生产上的装配流水线。在 DSP 中由多个不同功能的电路单元组成一条指令处理流水线,然后将一条指令分成取指、译码、取操作数和执行几个阶段后再由这些电路单元分别执行。DSP 采用流水线技术,加上执行重复操作,就能保证在不提高时钟频率的条件下减少每条指令执行的时间,进而提高运算速度,保证在单指令周期内完成数字信号处理中用得最多的乘法-累加运算。

图 1.2 为四级流水线操作示意图,其流水线操作由 4 个操作阶段组成,包括取指令、指令译码、取操作数和执行指令。流水线的 4 个段彼此是独立的,允许指令重叠执行。

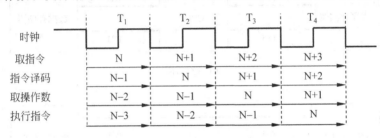

图 1.2　四级流水线操作

TMS320C54x DSP 采用的是六级流水线技术,6 个操作阶段分别为预取指、取值、译码、访问、读数、执行。在任何一个机器周期内,可以有 1～6 条不同的指令在同时工作,每条指令可在不同的周期内工作在不同的操作阶段。每个流水线操作阶段各占用一个机器周期。各操作阶段的功能如下。

(1) 预取指:将下一条指令的地址放在程序地址总线上。

(2) 取值:从程序总线上取指令字,并将该指令字放入指令寄存器中。

(3) 译码:将指令寄存器中的内容译码,确定要访问存储器的类型以及数据地址产生单元(DAGEN)和 CPU 的控制时序。

(4) 访问:数据地址产生单元(DAGEN)在数据地址总线输出要读的操作数的地址。如果还有第二个操作数,则在另一个数据地址总线 CAB 上输出相应的地址,同时更新间接寻址模式下的辅助寄存器和堆栈指针。

(5) 读数:从数据总线 DB 和 CB 上读取操作数,完成操作数的读取。同时,操作数的写入开始。如果需要写数据,则写数据的地址放在数据写地址总线上。对存储器映射寄存器而言,数据是从存储器中读取,写数据时通过 DB 写入选择的存储器映射寄存器。

(6) 执行:在这个阶段完成指令执行,并将数据放在数据写总线上完成操作数的写入。

TMS320C54x 的流水线允许多条指令同时访问 CPU 资源,提高了指令的执行效率,但由于 CPU 资源有限,当几个流水线阶段同时占用某个 CPU 资源时,就可能会发生流水线冲突。有些流水线冲突可以由 CPU 自动插入空周期来解决,有些则需要由程序员来解决。

4. 多处理器单元

为了满足多处理器系统的设计,许多 DSP 芯片都采用支持多处理器的结构。例如 TMS320C40 提供了 6 个用于处理器间高速通信的 32 位专用通信接口,使处理器之间可直接对通,应用灵活、使用方便。

5. 运算精度高

DSP 的字长决定运算精度,目前 DSP 字长主要有 8 位、16 位和 32 位,有些浮点 DSP 还可以提供更大的动态范围。

6. 快速的指令周期

由于采用哈佛结构、流水线操作、专用的硬件乘法器、特殊的指令以及集成电路的优化设计,使指令周期可在 20ns 以下。例如 TMS320C54x 的运算速度为 100MIPS,即 100 百万条/秒。

7. 具有特殊的 DSP 指令

为了满足数字信号处理的需要,在 DSP 的指令系统中设计了一些完成特殊功能的指令,如 TMS320C54x 中的 FIRS 和 LMS 指令专门用于完成系数对称的 FIR 滤波器和 LMS 算法。

8. 硬件配置高

新一代的 DSP 芯片具有较强的接口功能,除了具有串行口、定时器、主机接口(HPI)、DMA 控制器、软件可编程等待状态发生器等片内外设外,还配有中断处理器、PLL、片内存储器、测试接口等单元电路,可以方便地构成一个嵌入式自封闭控制的处理系统。

1.2.2 DSP 芯片的分类

为了适应数字信号处理的各种各样的实际应用,DSP 厂商生产出多种类型和档次的 DSP 芯片。在众多的 DSP 芯片中,可以按照以下两种方式进行分类。

1. 按用途分类

按照用途,可将 DSP 芯片分为通用型和专用型两大类。

通用型 DSP 芯片一般是指可以用指令编程的 DSP 芯片,适合于普通的 DSP 应用,具有可编程性和强大的处理能力,可完成复杂的数字信号处理的算法。

专用型 DSP 芯片是为特定的 DSP 运算而设计的,通常只针对某一种应用,相应的算法由内部硬件电路实现,适合于数字滤波、FFT、卷积和相关算法等特殊的运算,主要用于要求信号处理速度极快的特殊场合。

2. 按数据格式分类

根据芯片工作的数据格式,按其精度或动态范围,可将通用 DSP 划分为定点 DSP 和浮点 DSP 两类。

若数据以定点格式工作,则为定点 DSP 芯片;若数据以浮点格式工作,则为浮点 DSP 芯片。不同的浮点 DSP 芯片所采用的浮点格式有所不同,有的 DSP 芯片采用自定义的浮点格式,有的 DSP 芯片则采用 IEEE 的标准浮点格式。定点 DSP 芯片价格低廉,但是存在运算精度低、动态范围小等不足;而浮点 DSP 运算精度高,但是功耗和价格也随之上升。

1.2.3 常用的 DSP 芯片

目前的 DSP 芯片有三百多种,其中定点 DSP 芯片就有两百多种。在生产通用 DSP 的厂家中,最有代表性的公司有美国德州仪器(Texas Instruments,TI)公司、美国模拟器件(Analog Devices,ADI)公司和 Motorola 公司等。

1. TI 公司芯片

TI 公司是目前占领市场份额最大、最知名的 DSP 芯片生产厂商,TI 公司生产的 TMS320 系列 DSP 芯片广泛应用于各个领域。

该公司于 1982 年成功推出其第一代定点 DSP 芯片 TMS32010,这是 DSP 应用历史上的一个里程碑,从此,DSP 芯片开始得到真正的广泛应用,公司相继推出定点、浮点和多处理器三类运算特性不同的 DSP 芯片。其中,定点运算单处理器的 DSP 有 7 个系列,浮点运算单处理器的 DSP 有三个系列,多处理器的 DSP 有一个系列。它们主要按照 DSP 的处理速度、运算精度和并行处理能力进行分类,每一类产品的结构相同,只是片内存储器和片内外设配置不同。由于 TMS320 系列 DSP 芯片具有价格低廉、简单易用、功能强大等特点,所以逐渐成为目前最有影响、最为成功的 DSP 系列处理器。

TI 公司的 DSP 芯片已经经历了 TMS320C1x、TMS320C2x/C2xx、TMS320C3x、TMS320C4x、TMS320C5x、TMS320C54x 和 TMS320C6x 等几代产品。目前,TI 公司在市场上主要有三大系列产品:

(1) C2000 系列

该系列用于数字控制、运动控制系统,主要包括 TMS320C24x/F24x、TMS320LC240x/LF240x、TMS320C24xA/LF240xA、TMS320C28xx 等。

其中 C24x 系列 DSP 面向控制应用场合进行了优化;LF24xx 系列比 C24x 系列价格更便宜、性能更好;C28xx 系列 DSP 主要用于数字电机控制、数字电源等大存储设备和高性能场合。

(2) C5000 系列

该系列用于低功耗的手持设备和无线终端,主要包括 TMS320C54x、TMS320C54xx、TMS320C55x 等。

其中 C54x 系列 DSP 具有功耗低、高速并行等优点,可以满足电信等领域的实时信号处理;C55x 系列 DSP 是 TI 公司新推出的定点 DSP 芯片,它比 C54x 系列性能有了很大提高,

适用于便携式超低功率场合。

（3）C6000 系列

该系列用于高性能、多功能、复杂的通信系统，主要包括 TMS320C62xx、TMS320C67xx 等。

其中 C62xx 系列为定点 DSP，芯片内部集成了多个功能单元，运行速度快、指令周期短、运算能力得到很大提高，主要用于无线基站、GPS 导航等运算量大的场合；C67xx 系列为浮点 DSP，主要用于电信基础设施等复杂的通信系统。

2. ADI 公司芯片

美国 ADI 公司生产的 DSP 芯片在市场上占有一定的份额，其芯片具有一定的特点，如系统时钟一般不经分频直接使用、可从 8 位 EPROM 引导程序等，主要生产的芯片有 ADSP21xx 系列、ADSP21020 系列、ADSP2106x 系列和 ADSP21160 系列超高性能 DSP 芯片等。其中定点 DSP 芯片有 ADSP2101/2103/2105、ADSP2111/2115、ADSP2126/2162/2164、ADSP2127/2181、ADSP-BF532 以及 Blackfin 系列；浮点 DSP 芯片有 ADSP21000/21020、ADSP21060/21062，以及虎鲨 TS101、TS201S 等。

3. Motorola 公司芯片

Motorola 公司推出的 DSP 芯片比较晚。1986 年该公司推出了定点 DSP 处理器 MC56001；1990 年，又推出了与 IEEE 浮点格式兼容的浮点 DSP 芯片 MC96002。目前 Motorola 公司的 DSP 芯片主要有定点、浮点和专用三种，其中定点 DSP 主要是 DSP56000 系列，浮点 DSP 主要是 DSP96000 系列。还有 DSP53611、16 位的 DSP56800、24 位的 DSP563xx 和 MSC8101 等产品。

除此之外，NEC 公司、Lucent 公司和 Intel 公司也有自己的 DSP 产品。

1.2.4 DSP 芯片的选择

在进行 DSP 系统设计时，选择合适的 DSP 芯片是一个非常重要的环节，通常依据系统的运算速度、运算精度和存储器的需求等来选择 DSP 芯片。

一般来说，选择 DSP 芯片时应考虑如下一些因素。

1. DSP 芯片的运算速度

运算速度是 DSP 芯片的一个最重要的性能指标，也是选择 DSP 芯片时所需要考虑的一个主要因素。DSP 芯片的运算速度主要用以下几种性能指标来衡量。

（1）指令周期：即执行一条指令所需的时间，通常以 ns 为单位，例如 TMS320LC549-80 在主频为 80MHz 时的指令周期为 12.5ns。

（2）MAC 时间：即一次乘法加上一次加法的时间。大部分 DSP 芯片可在一个指令周期内完成一次乘法和加法操作，例如 TMS320LC549-80 的 MAC 时间是 12.5ns。

（3）FFT 执行时间：即运行一个 N 点 FFT 程序所需的时间。由于 FFT 运算涉及的运算在数字信号处理中很有代表性，因此 FFT 运算时间常作为衡量 DSP 芯片运算能力的一个指标。

（4）MIPS：即每秒执行百万条指令。例如 TMS320LC549-80 的处理能力为 80MIPS，即每秒可执行 8000 万条指令。

2. DSP 芯片的价格

DSP 芯片的价格也是选择 DSP 芯片所需考虑的一个重要因素。性能高的 DSP 芯片通常价格昂贵，而价格低廉的 DSP 芯片由于功能少、性能差、片内存储器少，会给编程带来一定难度。因此在系统的设计过程中，应根据实际系统的应用情况来选择一个价格适中的 DSP 芯片。

3. DSP 芯片的运算精度

运算精度取决于 DSP 芯片的字长。定点 DSP 芯片的字长通常为 16 位和 24 位，浮点 DSP 芯片的字长一般为 32 位。一般情况下，浮点 DSP 芯片的运算精度高于定点 DSP，但是功耗和价格也随之上升。定点 DSP 芯片主频高、速度快、成本低、功耗小，主要用于计算复杂度不高的控制、通信、语音和图像等领域。浮点 DSP 芯片的速度一般比定点 DSP 芯片低，但是其处理精度、动态范围都更高，适用于运算复杂度和精度要求高的场合。因此，运算精度是一个折中的问题，需要根据经验等来确定一个最佳的结合点。

4. DSP 芯片的硬件资源

DSP 芯片的硬件资源主要包括片内 RAM、ROM 的数量，外部可扩展的程序和数据空间，总线接口，I/O 接口等。不同的 DSP 芯片所提供的硬件资源是不相同的，应根据系统的实际需要，考虑芯片的硬件资源。

5. DSP 芯片的开发工具

快捷、方便的开发工具和完善的软件支持是开发大型、复杂 DSP 应用系统的必备条件。在选择 DSP 芯片的同时必须注意开发工具对芯片的支持，包括软件和硬件的开发工具等。

6. DSP 芯片的功耗

在某些 DSP 应用场合，功耗也是一个需要特别注意的问题，例如便携式的 DSP 设备、手持设备、野外应用的 DSP 设备等都对功耗有特殊的要求。

7. 其他因素

选择 DSP 芯片还应考虑封装的形式、质量标准、供货情况、生命周期、售后服务等因素。

1.2.5 DSP 芯片的应用

DSP 在诞生后的 30 年时间里，得到了飞速的发展。早期的 DSP 主要应用于军事等高尖端领域，后来，DSP 被成功地应用于专业数字通信领域，如数字调制解调器、多媒体网关、智能电话等。不仅如此，DSP 在工业控制、汽车电子等测控领域也得到了广泛应用。目前，

DSP已经成为数字音频和视频、宽带接入和新一代无线通信等创新应用的核心平台,在信息产业及其他领域中发挥着越来越大的作用,其应用几乎遍及电子与信息的每一个领域,典型应用如下。

(1) 信号处理,如数字滤波、自适应滤波、快速傅里叶变换、希尔伯特变换、相关运算、谱分析、卷积、模式匹配、加窗、波形产生等。

(2) 通信,如数字调制/解调、自适应均衡、回波抵消、噪声抑制、数据加密、数据压缩、同步、分集接收、多路复用、传真、扩频通信、软件无线电、纠错编/译码、可视电话、电视会议、远程交换机、移动通信、卫星通信、数字基站等。

(3) 语音识别与处理,如语音编码、矢量编码、语音识别、语音合成、语音增强、语音信箱、语音存储等。

(4) 图形/图像处理,如三维图形变换处理、图像压缩与传输、模式识别、图像鉴别、图像增强、动画、电子出版、电子地图、机器人视觉等。

(5) 军事与尖端科技,如保密通信、电子对抗、情报收集与处理、雷达和声呐信号处理、雷达成像、自适应波束合成、阵列天线信号处理、导航、导弹制导、火控系统、全球定位GSP、目标搜索跟踪、尖端武器试验、航空航天试验、宇宙飞船,以及侦察卫星等。

(6) 仪器仪表,如频谱分析、暂态分析、锁相环、函数发生、波形产生、数据采集、自动监测及分析、石油/地质勘探,以及地震预测预处理等。

(7) 自动控制,如引擎控制、声控、自动驾驶、机器人控制、磁盘/光盘伺服控制等。

(8) 生物医学,如助听器、X射线扫描、CT扫描、心/脑电图、核磁共振、病院监护和超声设备等。

(9) 计算机与工作站,如阵列处理器、计算/图形加速器、工作站和多媒体计算机等。

(10) 家用与消费电子,如高保真音响、音乐合成、音调控制、电子玩具与游戏、高清晰度电视(HDTV)、图像/声音压缩解压器、数字留言/应答机、汽车电子装置、住宅电子安全系统、家电电脑控制装置等。

随着DSP芯片性能价格比的不断提高,可以预见DSP芯片将会在更多的领域内得到更为广泛的应用。

习　题　1

一、填空题

1. DSP技术(Digital Signal Process)是利用计算机或_____,以_____的形式对信号进行加工处理,以便提取有用的信息并进行有效的传输与应用。

2. 数字信号处理包括_____和_____两个方面的内容。

3. 算法的研究是指如何以最小的_____和_____的使用量来完成指定的任务。

4. 数字信号处理的实现一般有多种方法,其中在要求信号处理速度极快的特殊场合主要采用_____实现。

5. DSP芯片普遍采用_____和_____分离的_____结构,比传统处理器的冯·诺依曼结构有更快的指令执行速度。

6. 冯·诺依曼(Von Neumann)结构的特点是_____和_____。

7. 改进的哈佛结构提供了存储指令的_____和相应的指令,当重复执行这些指令时,只需读入_____次就可连续使用,不需要再次从_____存储器中读出,从而减少了指令执行所需要的时间。

8. 改进型的哈佛结构允许在_____空间和_____空间之间相互传送数据,使这些数据可以由算术运算指令直接调用,增强芯片的灵活性。

9. DSP采用_____技术,加上执行_____操作,就能保证在单指令周期内完成数字信号处理中用得最多的乘法-累加运算。

10. DSP的_____决定运算精度。

11. 按照用途,可将DSP芯片分为_____和_____两大类。

12. 根据芯片工作的数据格式,按其精度或动态范围,可将通用DSP划分为_____和_____两类。

13. TI公司_____系列DSP芯片主要用于数字控制系统;_____系列DSP芯片主要用于功耗低、便于携带的通信终端;_____系列DSP芯片主要用于高性能复杂的通信系统,如移动通信基站。

14. TI公司是目前影响最大的生产通用DSP的厂家之一,它的DSP主要包括_____、_____和_____三类运算特性不同的DSP芯片。

二、选择题

1. 关于冯·诺依曼结构的特点,下列说法错误的是( )。
   A. 片内程序空间和数据空间合在一起
   B. 取指令和取操作数是通过一条总线分时进行
   C. 能够同时取指令和取操作数
   D. 所有指令不能并行执行

2. 关于哈佛结构的特点,下列说法错误的是( )。
   A. 取指令和取操作数可以同时进行
   B. 程序空间和数据空间之间可以直接传送数据
   C. 有独立的程序空间和数据空间
   D. 支持流水线操作

3. 浮点DSP芯片的字长一般为( )位。
   A. 8   B. 16   C. 24   D. 32

4. 关于各种DSP的实现方法,下列说法错误的是( )。
   A. 采用单片机实现,可用于复杂的信号处理
   B. 采用软件实现,主要用于算法的模拟
   C. 采用专用的DSP芯片实现,主要用于速度要求快的场合
   D. 采用通用的DSP芯片实现,适用范围广

5. 有关专用的DSP芯片,说法正确的是( )。
   A. 需要编程实现   B. 应用广泛
   C. 专用性强   D. 适用于简单的信号处理场合

6. TMS320C54x的DSP芯片运行速度可达100MIPS,即每秒执行( )条指令。
   A. 1亿   B. 100万   C. 1000万   D. 10万

三、简答题

1. 什么是 DSP?

2. 数字信号处理的实现方法有哪些?请叙述它们各自的优缺点。

3. DSP 芯片的特点有哪些?

4. 请叙述通用型 DSP 芯片和专用型 DSP 芯片各自的特点及适用场合。

5. 请叙述定点 DSP 和浮点 DSP 各自的特点。

6. 什么是流水线技术?

7. 哈佛结构和冯·诺依曼结构各自的特点是什么?

第2章
TMS320C54x系列DSP的硬件结构

C5000系列DSP是TI公司提供的16位低功耗DSP产品,这些产品主要用于音频、通信、医疗、安保和工业应用中的便携式器件。目前市面上的C5000系列DSP包含两个主要的子系列,分别是TMS320C54x和TMS320C55x系列,TMS320C54x(简称C54x)是TI公司为实现低功耗、高速实时信号处理而专门设计的16位定点DSP芯片,是C5000系列DSP中最为成熟的芯片,其采用哈佛结构和8组16位总线结构,适用于远程通信等实时嵌入式应用。本章以C54x系列DSP芯片为主,详细介绍其总线结构、中央处理器及存储器单元等。

2.1 基本结构

2.1.1 C54x芯片的主要特点

C54x系列芯片种类很多,但结构基本相同,只是存储器的配置、片内外设计封装形式上有所不同。TMS320C54x系列芯片的主要特点包括以下方面。

(1)运算速度快。单周期定点指令的执行周期为25/20/12.5/10/8.3/7.5/6.25ns,相应的运算速度为40/50/80/100/120/133/160MIPS。

(2)优化的CPU结构。内部有1个40位的算术逻辑单元,2个40位的累加器,2个40位加法器,1个17×17的乘法器和1个40位的桶形移位器。此外,内部还集成了维特比加速器,用于提高维特比编译码的速度。先进的DSP结构可高效地实现无线通信系统中的各种功能,如用TMS320C54x实现全速率的GSM需12.7MIPS,实现半速率GSM需26.2MIPS,而实现全速率GSM语音编码器仅需2.3MIPS,实现IS-54/136 VSELP语音编码仅需12.8 MIPS。

(3)低功耗方式。TMS320C54x可以在3.3V或2.7V电压下工作,三个低功耗方式(IDLE1、IDLE2和IDLE3)可以节省DSP的功耗,特别适合于无线移动设备。用TMS320C54X实现IS54/136 VSELP语音编码仅需31.1mW,实现GSM语音编码器仅需5.6mW。

(4)智能外设。除了标准的串行口和时分复用(TDM)串行口外,TMS320C54x还提供了自动缓冲串行口(auto-Buffered Serial Port,BSP)和与外部处理器通信的HPI(Host Port

Interface)接口。BSP 可提供 2K 字数据缓冲的读写能力,从而降低处理器的额外开销,指令周期为 20ns 时,BSP 的最大数据吞吐量为 50Mb/s,即使在 IDLE 方式下,BSP 也可以全速工作。HPI 可以与外部标准的微处理器直接接口。

2.1.2　C54x 芯片硬件基本结构

C54x 系列芯片硬件结构如图 2.1 所示。它围绕 8 组总线,由 4 大部分组成,主要包括内部总线结构、中央处理器 CPU、存储器(数据存储器 RAM、程序存储器 ROM)、外设接口(I/O 扩展功能、串行口、主机通信接口 HPI、定时器和中断系统)4 部分。

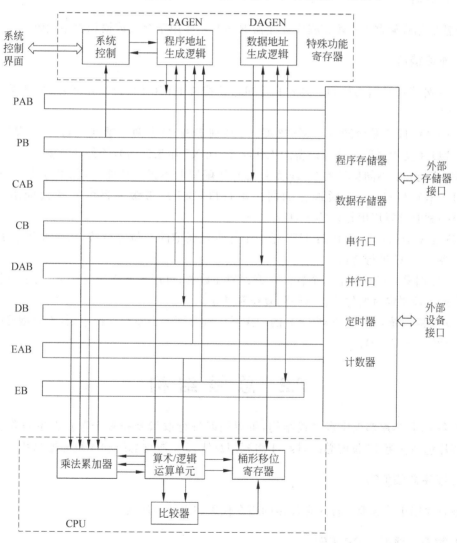

图 2.1　TMS320C54x 系列 DSP 硬件结构图

各部分的基本功能如下。

1. 内部总线控制

C54x 系列芯片包括 8 组 16 位的总线,包括程序总线、数据总线和地址总线,用于连接 DSP 内部各单元,传送程序、数据和地址。

2. 中央处理器 CPU

它是 DSP 芯片的核心,主要作用是运算和控制,采用流水线和并行处理,可以在一个周期内完成高速运算。

3. 存储器

包括数据存储器 RAM 和程序存储器 ROM,主要用于存储数据和程序代码。

4. 外设接口

C54x 外设接口由 I/O 口、串行口、主机通信接口 HPI(并行口)、定时器、中断系统 5 个部分组成。

(1) I/O 口(扩展功能):TMS320C54x 系列 DSP 只有两个通用 I/O 口引脚(BIO 和 XF)。BIO 主要用来监测外部设备的工作状态,而 XF 用来发信号给外部设备。

(2) 串行口:不同型号的 C54x 系列芯片所配置的串行口功能不同,可分为 4 种,包括标准同步串行口(SP)、带缓冲器的同步串行口(BSP)、带缓冲器的多通道同步串行口(McBSP)和时分复用串行口(TMD)。

(3) 主机通信接口(HPI):HPI 是一个与主机通信的 8 位并行接口,主要用于 DSP 与其他总线或 CPU 进行通信。

(4) 定时器:定时器是一个软件可编程的计数器,可用来产生定时中断,可通过设置特定的状态来控制定时器的停止、恢复、复位和禁止。

(5) 中断系统:C54x 系列 DSP 的中断系统具有硬件中断和软件中断,不同型号配置不同(最多可配置 17 个)。

2.2 总线结构

许多 DSP 芯片都采用多总线结构,可以同时进行取指令和多个数据存取操作。C54x 系列芯片包括 8 组 16 位的总线,即:1 组程序总线、3 组数据总线和 4 组地址总线。

1. 程序总线(PB)

该总线用于传送取自程序存储器的指令代码和立即操作数。

2. 数据总线(CB、DB、EB)

该总线用于连接 DSP 内部各单元(如 CPU、数据地址生成电路、程序地址生成电路、在片外设、数据存储器)。其中,CB 和 DB 传送数据存储器读取的操作数,EB 传送写到存储器的数据。

这里采用两组数据线(CB、DB)读数的原因是因为C54x有两个辅助寄存器算术运算单元 ARAU0 和 ARAU1,在每个时钟周期可以产生两个数据存储器的地址。同时,PB 能够将存放在程序空间中的操作数传送到乘法器和加法器,以便执行乘法/累加操作。此种功能,连同双操作数的特性,就可以支持在一个周期内执行 3 操作数指令。

3. 地址总线(PAB、CAB、DAB、EAB)

该总线用来提供执行指令所需的地址。

C54x 还有一条双向总线,用于寻址在片外围电路。这条总线通过 CPU 接口中的总线交换器连到 DB 和 EB。利用这个总线进行读/写操作,需要两个或两个以上的周期。

有关 C54x 读/写操作占用总线的情况如表 2.1 所示。

表 2.1　总线占有情况

读/写方式	地址总线				程序总线	数据总线		
	PAB	CAB	DAB	EAB	PB	CB	DB	EB
程序读	√				√			
程序写	√							√
单数据读			√				√	
双数据读		√	√			√	√	
32 位长数据读		√(hw)	√(lw)			√(hw)	√(lw)	
单数据写				√				√
数据读/数据写			√	√			√	√
双数据读/系数读	√	√	√		√	√	√	
外设读			√				√	
外设写				√				√

2.3　中央处理器

中央处理器(CPU)是 DSP 芯片中的核心部分,是用来实现数字信号处理运算和控制功能的部件。CPU 内的硬件结构决定了其系统性能。TMS320C54x 的 CPU 包括:

(1) 1 个 40b 的算术逻辑运算单元 ALU;

(2) 2 个 40b 的累加器 A 和 B;

(3) 1 个 40b 的桶形移位寄存器(Barrel Shifter);

(4) 乘法器/加法器单元 MAC(Multiplier/Adder);

(5) 比较、选择和存储单元(CSSU);

(6) 指数编码器(EXP Encoder);

(7) CPU 状态和控制寄存器(ST0、ST1 和 PMST)。

其中，ALU、累加器、桶形移位寄存器、MAC、CSSU 和指数编码器是 CPU 的运算部件，主要完成各种运算功能；CPU 寄存器则是控制部件，用来发出各种控制命令。

2.3.1 算术逻辑运算单元

C54x 的 ALU 是 40 位的，它与累加器一起完成大部分算术和逻辑运算功能，大多数的逻辑算术运算指令都是单周期指令。ALU 的功能框图如图 2.2 所示。

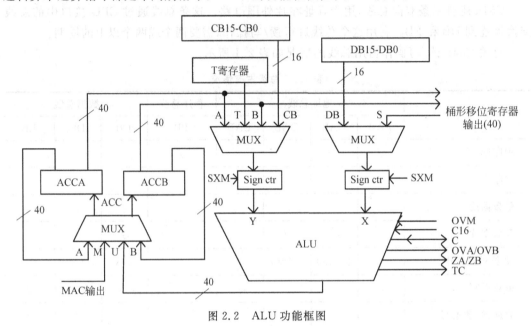

图 2.2 ALU 功能框图

1. ALU 的输入

ALU 有两个输入端：X 和 Y，分别经过多路选择器(MUX)获得输入信号。

X 端有两种可能的输入数据源：

（1）桶形移位寄存器的 40 位输出；

（2）经数据总线 DB 读取的 16 位数据。

Y 端有 4 种可能的输入数据源：

（1）累加器 A 的 40 位数据；

（2）累加器 B 的 40 位数据；

（3）经数据总线 CB 读取的 16 位数据；

（4）寄存器 T 中的 16 位数据。

究竟选择哪一种输入数据源，由多路选择器(MUX)根据指令的要求来进行选择。

当输入数据来自总线 CB 或 DB 时，ALU 将根据指令所指出的装载位置和符号扩展标志位 SXM(状态寄存器 ST1 的 D8 位)的状态对其进行 40 位扩展，扩展方法如下。

（1）如果指令要求将该数据装载至 15～0 位，则当 SXM＝0 时，位 39～16 用 0 填充；当 SXM＝1 时，对位 39～16 进行符号扩展。

（2）如果指令要求将该数据装载至 31～16 位，则当 SXM＝0 时，位 39～32 及位 15～0
用 0 填充；当 SXM＝1 时，对位 39～32 进行符号扩展，位 15～0 用 0 填充。

2. ALU 的输出

除存储操作指令（ADDM、ANDM、ORM 和 XORM）外，ALU 的算术结果通常都被传
输到目的累加器（A 或 B）中。

2.3.2 累加器

C54x 包含两个 40 位的累加器 A 和累加器 B，它们常被用作 ALU 或乘法累加器的输
入和输出，其结构如图 2.3 所示。

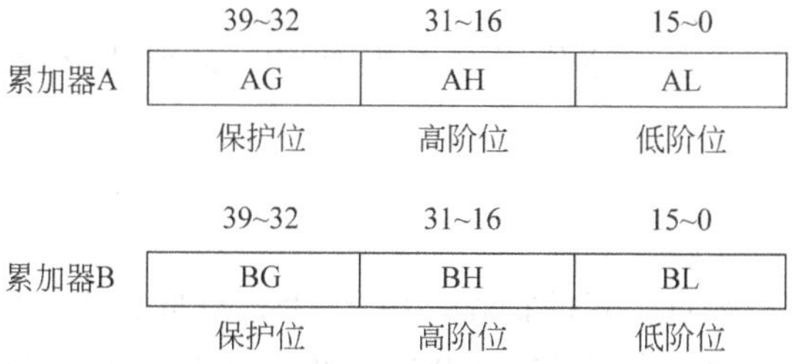

	39～32	31～16	15～0
累加器A	AG	AH	AL
	保护位	高阶位	低阶位

	39～32	31～16	15～0
累加器B	BG	BH	BL
	保护位	高阶位	低阶位

图 2.3 累加器 A 和 B 结构图

累加器 A 和 B 的结构相同，都由三部分组成：8 位保护位（AG、BG）为第 39～32 位，用
于防止在迭代运算中产生溢出，在进行有符号运算时为扩展符号位；16 位高阶位（AH、BH）
为第 31～16 位；16 位低阶位（AL、BL）为第 15～0 位。CPU 可以对 A 或 B 进行 40 位的操
作，也可以分别对 AG、BG、AH、BH、AL 和 BL 进行寻址和访问。

累加器 A 和 B 的唯一区别就是累加器 A 的高阶位 AH 可以作为乘法器的一个输入，
而 B 不可以。

在有些场合，需要进行带移位的累加器存储操作。使用 STH、STL 等指令或并行存储
指令，可以把累加器中的内容保存到数据存储器中。

使用 STH、SACCD 和并行存储指令存储累加器内容：先将累加器内容移位，再将高 16
位存入存储器；使用 STL 指令存储累加器内容：先将累加器内容移位，再将低 16 位存入存
储器。移位时遵循"正数左移，负数右移"的原则。

注意：

（1）移位操作是在保存累加器内容的过程中同时完成的；

（2）移位操作是在移位寄存器中完成的，累加器的内容保持不变。

例 2.1 累加器 A＝FF 5428 3017H，执行带移位的 STH 和 STL 指令后，求寄存器 T
和累加器 A 的内容。

（1）STH A，16，T　　　　　　　（2）STH A，－16，T

（3）STL A，16，T　　　　　　　（4）STL A，－16，T

分析：

（1）累加器 A 内容为 FF 5428 3017H，此条指令将其内容左移 16 位（二进制），因此

FF54 移出,右端空出的 16 位补 0,由于移位操作在移位寄存器中完成,因此移位寄存器的内容为:28 3017 0000H,取其高阶位得到 3017,而在此移位的过程中累加器的内容保持不变。因此最终结果为:T=3017H,A=FF 5428 3017H。

(2) 此条指令将累加器 A 的内容右移 16 位,左端补 FFFF,移位后取高阶位得到:T=FFFFH,A=FF 5428 3017H。

(3) 此条指令将累加器 A 的内容左移 16 位,右端补 0000,移位后取低阶位得到:T=0000H,A=FF 5428 3017H。

(4) 此条指令将累加器 A 的内容右移 16 位,左端补 FFFF,移位后取低阶位得到:T=5428H,A=FF 5428 3017H。

2.3.3 桶形移位寄存器

TMS320C54x 的 40 位桶形移位寄存器主要用于累加器或数据区操作数的定标和移位。

1. 定标

所谓定标是指确定小数点位置的操作。由于 DSP 参与运算的都是 16 位整数,但实际运算中不可避免会出现小数。那么就需要指定小数点处于 16 位整数中的哪个位置,这个过程就称为定标,它是保证定点 DSP 运算精度的重要举措。40 位的桶形移位寄存器可以用来支持 CPU 完成数据定标、位提取、扩展精度以及累加器的归一化等操作。

2. 移位

TMS320C54x 的 40 位桶形移位寄存器能将输入数据进行 0~31 位的左移和 0~16 位的右移,正数对应左移,负数对应右移。所移动的位数可由立即数、ST1 中的 ASM 位或暂存器 T 的低 6 位(指令中用 TS 表示)来决定。

例 2.2

ADD　A,4,B　　　;将 A 中的数据左移 4 位后加至累加器 B 中

ADD　A,ASM,B　　;将 A 中数据按照 ASM 所指定的位数移位后加至累加器 B 中

ADD　*AR2,TS,A ;将 AR2 所指数据存储器内容按照 TS 指定的位数移位后加至 A 中

桶形移位寄存器的结构如图 2.4 所示。

桶形移位寄存器主要包括以下 4 部分。

(1) 多路选择器 MUX:用来选择输入数据。

(2) 符号控制 SC:用于对输入数据进行符号位扩展。

(3) 移位寄存器:用来对输入的数据进行定标和移位。

(4) 写选择电路:用来选择最高有效字和最低有效字。

桶形移位寄存器的输入可以通过多路选择器 MUX 来选择,主要有以下几种输入:取自 DB 数据总线的 16 位输入数据;取自 DB 和 CB 扩展数据总线的 32 位输入数据;来自累加器 A 或 B 的 40 位输入数据。桶形移位寄存器的输出有:输出至 ALU 的一个输入端,经 MSW/LSW 写选择电路输出至 EB 总线。

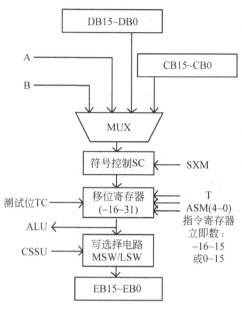

图 2.4　桶形移位寄存器结构图

2.3.4 乘法累加单元

C54x 的乘法累加单元 MAC 具有强大的乘法-累加运算功能,可在一个流水线周期内完成 1 次乘法运算和 1 次加法运算。在数字滤波(FIR 和 IIR 滤波)以及卷积、相关等运算中,使用乘法-累加运算指令可以大大提高系统的运算速度。

如图 2.5 所示,MAC 是由乘法器、加法器、符号控制、小数控制、零检测器、舍入器、饱和逻辑和暂存器几部分组成的。

MAC 单元包含一个 17×17 位硬件乘法器,可完成有符号数和无符号数的乘法运算。MAC 单元的乘法器能进行有符号数、无符号数以及有符号数与无符号数的乘法运算。根据操作数的不同情况需进行以下处理:

(1) 若是两个有符号数相乘,则在进行乘法运算之前,先对两个 16 位乘数进行符号位扩展,形成 17 位有符号数后再进行相乘。扩展的方法是在每个乘数的最高位前增加一个符号位,其值由乘数的最高位决定,即正数为 0,负数为 1。

(2) 若是两个无符号数相乘,则在两个 16 位乘数的最高位前面添加 0,扩展为 17 位乘数后再进行乘运算。

(3) 若是有符号数与无符号数相乘,则有符号数在最高位前添加 1 个符号位,其值由最高位决定,而无符号数在最高位前面添加 0,然后两个操作数相乘。

乘法器的输入可以来自寄存器 T、经 DB 或 CB 总线读取的 16 位数据、累加器 A 的高阶位、经 PB 总线读取的常数。乘法器的输出经过小数控制电路送往加法器。

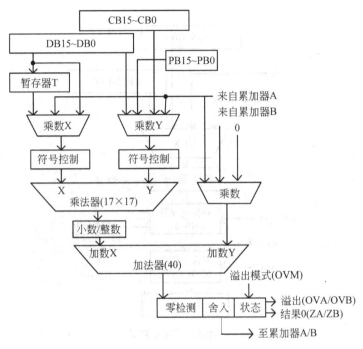

图 2.5　MAC 结构图

2.3.5　比较选择存储单元

比较选择存储单元 CSSU 的结构如图 2.6 所示。

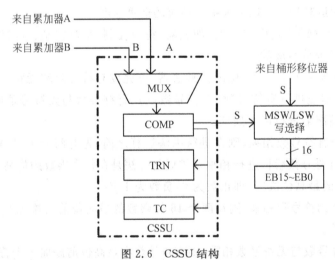

图 2.6　CSSU 结构

CSSU 是一个特殊的硬件单元,它常与 ALU 配合完成运算。例如,CMPS 指令可以对累加器的高阶位和低阶位进行比较,并选择较大的数存放在指令所指定的存储单元中。

指令格式:CMPS　A,＊AR1

功能：对累加器 A 的高 16 位字（AH）和低 16 位字（AL）进行比较，若 AH＞AL,则将 AH 的内容给＊AR1；若 AH＜AL,则将 AL 的内容给＊AR1。

CSSU 常常与 ALU 配合,用于数据通信和模式识别领域常用的 Viterbi(维特比)算法,其算法包括加法、比较和选择运算。加法运算由 ALU 完成,比较选择由 CCSU 完成。

2.3.6 指数编码器

指数编码器 EXP 是一个用于支持指数运算指令的专用硬件,可以在单周期内执行 EXP 指令,求累加器中数的指数值,并以二进制补码的形式存放到寄存器 T 中。指数编码器主要用于定点数转换为浮点数的归一化和标准化处理等,为定点 DSP 的浮点运算提供了便利。

2.3.7 CPU 状态和控制寄存器

控制部件是 DSP 芯片的中枢神经,由各种控制寄存器组成。C54x 提供三个 16 位的状态和控制寄存器,它们分别为状态寄存器 0(ST0)、状态寄存器 1(ST1)和工作方式状态寄存器(PMST)。ST0 和 ST1 主要包含各种工作条件和工作方式的状态,PMST 包含存储器的设置状态和其他控制信息。它们都是存储器映像寄存器,因此都可以快速存放到数据存储器中,或者由数据存储器对它们进行加载。

1. 状态寄存器 ST0

ST0 反映寻址要求和计算的中间运行状态,其各位的定义如图 2.7 所示。

15~13	12	11	10	9	8~0
ARP	TC	C	OVA	OVB	DP

图 2.7 ST0 各位的定义

（1）ARP：辅助寄存器指针。这 3 位指向当前辅助寄存器。当处于标准模式时,ARP 将始终置 0(CMPT＝0)。

（2）TC：测试/控制位。TC 保留算术逻辑单元测试位操作的结果。TC 的状态(置位和清除)决定条件分支、调用、执行和返回指令的动作。

（3）C：进位位。执行减法时产生借位,清零,而执行加法时产生进位,置 1;反之,则相反。

（4）OVA：累加器 A 溢出标志位。

（5）OVB：累加器 B 溢出标志位。

（6）DP：数据页指针。DP 中的 9 位与指令字中的低 7 位连接,形成 16 位地址。这一操作在 CPL＝0 时有效。

2. 状态寄存器 ST1

ST1 反映寻址要求、计算的初始状态设置、I/O 及中断控制,其各位的定义如图 2.8

所示。

15	14	13	12	11	10	9	8	7	6	5	4~0
BRAF	CPL	XF	HM	INTM	0	OVM	SXM	C16	FRCT	CMPT	ASM

图 2.8　ST1 各位的定义

（1）BRAF：块重复有效。BRAF 标识当前是否有块重复指令正在进行。

（2）CPL：编译方式标识。CPL＝0，使用 DP；CPL＝1，使用 SP。

（3）XF：外部扩展引脚 XF 的状态。

（4）HM：挂起方式。应答$\overline{\text{HOLD}}$引脚的信号，HM 指出是否运行处理器内部操作。HM＝1，处理器内部挂起；HM＝0，处理器一直在内部程序存储器运行，而外部存储器挂起，并把外部总线置为高阻。

（5）INTM：全局中断屏蔽位。INTM＝1，所有可屏蔽中断禁止。INTM 位不影响不可屏蔽中断（$\overline{\text{RS}}$和$\overline{\text{NMI}}$）。

（6）OVM：溢出方式位。决定在发生溢出时的处理方式。

（7）SXM：符号扩展方式位。SXM＝1，允许符号位扩展；SXM＝0，禁止符号位扩展。

（8）C16：双 16 位或精度算法方式位。C16＝0，ALU 处于双精度方式；C16＝1，ALU 处于双 16 位运算方式。

（9）FRCT：小数方式位。当 FRCT＝1 时，乘法器输出左移 1 位以消除多余的符号位。

（10）CMPT：修正方式位。CMPT＝0，在间接寻址方式中不修正 ARP，ARP 必须置 0；CMPT＝1，在间接寻址方式时，ARP 的值可以修改。

（11）ASM：加法移位方式位。5 位 ASM 以二进制的补码方式指定−16～15 的移位值。

3. 处理器工作方式控制寄存器 PMST

PMST 主要设定并控制处理器的工作方式，反映处理器的工作状态，其各位定义如图 2.9 所示。

15~7	6	5	4	3	2	1	0
IPTR	MP/$\overline{\text{MC}}$	OVLY	AVIS	DROM	CLKOFF	SUML	SST

图 2.9　PMST 各位的定义

（1）IPTR：中断向量指针。9 位的 IPTR 字段指向程序存储器内中断矢量的所在页（128 字/页）。

（2）MP/$\overline{\text{MC}}$：微处理器/微型计算机工作方式位。MP/$\overline{\text{MC}}$＝1，为微处理器模式；MP/$\overline{\text{MC}}$＝0，为微计算机模式。在这两种方式下，TMS320C54x 的存储空间配置不一样，此位决定 TMS320C54x 片内 ROM 是否在程序存储空间使用。该位的设置和清除由软件决定。

（3）OVLY：RAM 重叠位，决定片内双寻址数据 RAM 区是否映像到程序存储空间。

（4）AVIS：地址可见位，AVIS 允许/禁止内部程序存储空间地址线是否可以出现在芯片外部引脚上。

（5）DROM：数据 ROM 位。DROM＝1，可使片内 ROM 映像到数据存储空间中。

（6）CLKOFF：时钟输出关断位。当 CLKOUT＝1 时 CLKOUT 引脚的输出禁止，此时 CLKOUT 为高电平。

(7) SUML：乘法器饱和方式位。当 SUML＝1 时，在 MAC 和 MAS 的加法指令使用前，乘法产生饱和结果。SUML 位应在 OVM＝1 和 FRCT＝1 时使用有效，一般为保留位。

(8) SST：存储饱和位。当 SST＝1 时，在把累加器内容存储到程序存储器之前，数据进行饱和操作。饱和操作在移位操作之前，一般为保留位。

2.4　存　储　器

C54x 共有 192 千字的片内存储空间，分成三个相互独立可选择的存储空间：64 千字程序存储空间、64 千字数据存储空间和 64 千字的 I/O 空间。

所有 C54x 芯片的存储器都包含片内 RAM 和 ROM。与片外存储器相比，片内存储器寻址的存储空间较小，但是具有不需要插入等待状态、成本和功耗低等优点。

片内 RAM 可分为双寻址 RAM（DARAM）和单寻址 RAM（SARAM）两种类型。DARAM 在一个指令周期内，可对其进行两次存取操作，一次读出和一次写入；SARAM 在一个指令周期内，只进行一次存取操作。DARAM 和 SARAM 既可以被映射到数据存储空间用来存储数据，也可以映射到程序空间用来存储程序代码。

片内 ROM 主要存放固化程序和系数表。一般构成程序存储空间，也可以部分地映射在数据存储空间。

2.4.1　存储器地址和空间分配

C54x 型 DSP 的程序存储器和数据存储器，无论是内部还是外部存储器，都分别统一编址。内部 RAM 一般映射到数据存储空间，也可以映射到程序存储空间；ROM 一般映射到程序存储空间，也可以部分地映射到数据存储空间。C54x 通过 PMST 中的三个控制位 MP/$\overline{\text{MC}}$、OVLY 和 DROM 来配置。

TMS320VC5416 程序存储空间和数据存储空间的配置如图 2.10 所示。

2.4.2　程序存储器

程序存储空间用来存放要执行的指令和指令执行中所需要的系数表（数学用表）。C5416 共有 20 条地址线，可寻址 1 兆字的外部程序存储器。它的内部 ROM 和 DARAM 可通过软件映射到程序空间。当存储单元映射到程序空间时，CPU 可自动地按程序存储器对它们进行寻址。如果程序地址生成器（PAGEN）产生的地址处于外部存储器，CPU 可自动地对外部存储器寻址。

1. 程序存储空间的配置

(1) MP/$\overline{\text{MC}}$控制位用来决定程序存储空间是否使用内部 ROM。

MP/$\overline{\text{MC}}$＝0 时，称为微计算机模式，允许片内 ROM 配置到程序存储空间。

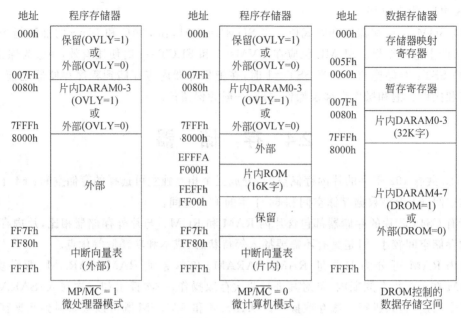

图 2.10　程序存储空间和数据存储空间配置图

MP/$\overline{\text{MC}}$＝1 时,称为微处理器模式,禁止片内 ROM 配置到程序存储空间。

(2) OVLY 控制位用来决定程序存储空间是否使用内部 RAM。

OVLY＝0,片内 RAM 仅配置到数据存储空间。

OVLY＝1,片内 RAM 同时被映射程序和数据存储空间。

2. 程序存储空间的分页扩展

在 C54x 系列芯片中,有些芯片采用分页扩展的方法,使程序存储空间可扩展到 1 兆字～8 兆字。如 C5409 和 C5416 可扩展到 8 兆字,C5402 有 20 条外部程序地址总线,其程序空间只能扩展到 1 兆字。

2.4.3　数据存储器

数据存储空间用来存放执行指令所需要的数据,包括需要处理的数据或数据处理的中间结果。

C54x 的数据存储空间由内部和外部存储器构成,共有 64K 字,采用内部和外部存储器统一编址。以 TMS320C5402 为例:

当 DROM＝0 时,片内 ROM 不映射到数据存储空间。

0000H～3FFFH——内部 RAM;

4000H～FFFFH——外部存储器;

当 DROM＝1 时,部分片内 ROM 映射到数据存储空间。

0000H～3FFFH——内部 RAM;

4000H～EFFFH——外部存储器;

F000H~FEFFH——片内 ROM；

FF00H~FFFFH——保留。

2.4.4
I/O 存储器

C54x 除了程序和数据存储空间外，还提供了一个具有 64K 字的 I/O 空间。

用来提供与外部存储器映射的接口，可以作为外部数据存储空间使用，主要用于对片外设备的访问。可以使用输入指令 PORTR 和输出指令 PORTW 对 I/O 空间寻址。

在对 I/O 空间访问时，除了使用数据总线和地址总线外，还要用到 IOTRB、IS 和 I/W 控制线。其中 IOTRB 和 IS 用于选通 I/O 空间，I/W 用于控制访问方向。

2.5　中　断　系　统

中断系统是计算机系统提供实时操作及多任务多进程操作的关键部分。嵌入式系统对于外部随机事件都可以进行及时的响应和处理，这就需要中断技术来实现。例如当外部设备与 CPU 之间进行数据传送时，CPU 就需要中断当前的程序，执行另一个程序，中断事件处理完毕后，再返回主程序被打断的地方继续执行。

2.5.1
中断类型

TMS320C54x 既支持软件中断，又支持硬件中断。软件中断是由程序指令 INTR、TRAP 或 RESET 等要求的中断；硬件中断是指由设备信号要求的中断，包括外部硬件中断和内部硬件中断，外部硬件中断如 INT0~INT2，内部硬件中断包括定时器、串口、主机接口等引起的中断。软件中断不分优先级，硬件中断有优先级。

无论是软件中断还是硬件中断，都可归到以下两种类型：可屏蔽中断和非可屏蔽中断。

1. 可屏蔽中断

可屏蔽中断是指可以通过软件设置来禁止或允许的中断。TMS320C54x 最多可以支持 16 个用户可屏蔽中断(SINT15~SINT0)，但有的处理器只用了其中一部分，如 C541 只有 9 个可屏蔽中断。

2. 非可屏蔽中断

非可屏蔽中断是指不能通过软件禁止的中断。C54x 对这一类中断总是响应的，并从主程序转移到中断服务程序。C54x 的非屏蔽中断包括所有的软件中断，以及两个外部硬件中断 RS(复位)和 NMI。RS 是一个对 C54x 所有操作方式产生影响的非屏蔽中断，而 NMI 中断不会对 C54x 的任何操作方式发生影响。NMI 中断响应时，所有其他的中断将被禁止。

TMS320C54x 的中断向量和中断优先权如表 2.2 所示。

表 2.2　TMS320C54x 的中断向量和中断优先权

中断号	优先级	中断名称	中断地址偏移	功　能
0	1	$\overline{\text{RS}}$/SINTR	0	复位(硬件/软件)
1	2	$\overline{\text{NMI}}$/SINT16	4	不可屏蔽中断
2	—	SINT17	8	软件中断♯17
3	—	SINT18	C	软件中断♯18
4	—	SINT19	10	软件中断♯19
5	—	SINT20	14	软件中断♯20
6	—	SINT21	18	软件中断♯21
7	—	SINT22	1C	软件中断♯22
8	—	SINT23	20	软件中断♯23
9	—	SINT24	24	软件中断♯24
10	—	SINT25	28	软件中断♯25
11	—	SINT26	2C	软件中断♯26
12	—	SINT27	30	软件中断♯27
13	—	SINT28	34	软件中断♯28
14	—	SINT29	38	软件中断♯29,保留
15	—	SINT30	3C	软件中断♯30,保留
16	3	$\overline{\text{INT0}}$/SINT0	40	外部中断♯0
17	4	$\overline{\text{INT1}}$/SINT1	44	外部中断♯1
18	5	$\overline{\text{INT2}}$/SINT2	48	外部中断♯2
19	6	TINT/SINT3	4C	内部定时器中断
20	7	RINT0/SINT4	50	串口 0 接收中断
21	8	XINT0/SINT5	54	串口 0 发送中断
22	9	RINT1/SINT6	58	串口 1 接收中断
23	10	XINT1/SINT7	5C	串口 1 发送中断
24	11	$\overline{\text{INT3}}$/SINT8	60	外部中断♯3
25	12	$\overline{\text{HPINT}}$/SINT9	64 *	HPI 中断(仅 542,545,548,549)
26	13	BRINT1/SINT10	68 *	缓冲串口 1 接收中断(仅 548,549)
27	14	BXINT1/SINT11	6C *	缓冲串口 1 发送中断(仅 548,549)
28	15	BMINT0/SINT12	70 *	缓冲串口 0 不重合检测中断(仅 549)
29	16	BMINT1/SINT13	74 *	缓冲串口 1 不重合检测中断(仅 549)
30～31	—	—	78～7F *	保留

2.5.2 中断寄存器

C54x有关中断的操作是通过中断寄存器完成的,中断寄存器包括中断标志寄存器 IFR 和中断屏蔽寄存器 IMR 两种。

1. 中断标志寄存器

中断标志寄存器(Interrupt Flag Register,IFR)是一个存储器映像寄存器,当某个中断触发时,寄存器的相应位置1,直到中断处理完毕为止。IFR 各位的意义如图2.11 所示。

位	15~14	13	12	11	10	9	8
功能	RESVD	DMAC5	DMAC4	BXINT1或DMAC3	BXINT1或DMAC2	HPINT	INT3
位	7	6	5	4	3	2	1	0
功能	TINT1	DMAC0	BXINT0	BRINT0	TINTO	INT2	INT1	INT0

图 2.11 IFR 各位的意义

不同型号 DSP 的 IFR 的 5~0 位对应的中断源完全相同,是外部中断和通信中断标志位;其 15~6 位中断源根据芯片的不同,定义的中断源不同。当对芯片进行复位、中断处理完毕,写 1 于 IFR 的某位,执行 INTR 指令等硬件或软件中断操作时,IFR 的相应位置1,表示中断发生。通过读 IFR 可以了解是否有已经被挂起的中断,通过写 IFR 可以清除被挂起的中断。在以下三种情况下将清除被挂起的中断:

(1) 复位(包括软件和硬件复位)。

(2) 置位1写入相应的 IFR 标志位。

(3) 使用相应的中断号响应该中断,即使用 INTR ♯K 指令。若有挂起的中断,在 IFR 中该标志位为1,通过写 IFR 的当前内容,就可以清除所有正被挂起的中断;为了避免来自串口的重复中断,应在相应的中断服务程序中清除 IFR 位。

2. 中断屏蔽寄存器

中断屏蔽寄存器(Interrupt Mask Register,IMR)用于屏蔽外部和内部的硬件中断,通过读 IMR 可以检查中断是否被屏蔽,通过写可以屏蔽中断(或解除中断屏蔽),在 IMR 位置0,则屏蔽该中断。IMR 不包含/RS 和 NMI,复位时 IMR 均设为0,TMS320C5402 中断屏蔽寄存器各位的意义如图2.12 所示。

位	15~14	13	12	11	10	9	8
功能	RESVD	DMAC5	DMAC4	BXINT1或DMAC3	BXINT1或DMAC2	HPINT	INT3
位	7	6	5	4	3	2	1	0
功能	TINT1	DMAC0	BXINT0	BRINT0	TINTO	INT2	INT1	INT0

图 2.12 IMR 各位的意义

硬件中断信号产生后能否引起 DSP 执行相应的中断服务程序还取决于以下 4 点(复位和 NMI 除外,它们不可屏蔽):

（1）状态寄存器 ST1 的 INTM 位为 0，即中断方式位，允许可屏蔽中断；INTM 为 1，禁止可屏蔽中断。若中断响应后 INTM 自动置 1，则其他中断将不被响应。在 ISR（中断服务程序）中以 RETE 指令返回时，INTM 位自动清 0，INTM 位可用软件置位，如指令 SSBX INTM（置 1）和 RSBX INTM（清 0）。

（2）当前没有响应更高优先级的中断。

（3）中断屏蔽寄存器 IMR 中对应此中断的位为 1。在 IMR 中相应位为 1，表明允许该中断。

（4）在中断标志寄存器（IFR）中对应位置为 1。

2.5.3 中断流程

一旦将一个中断传送给 CPU，CPU 会按照如图 2.13 所示的中断操作流程图进行操

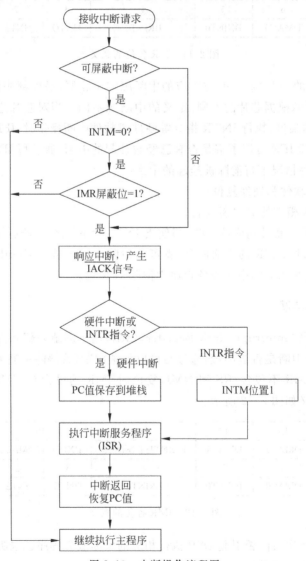

图 2.13　中断操作流程图

作,具体操作可分为可屏蔽中断和不可屏蔽中断两类。

（1）如果请求的是一个可屏蔽中断,则操作过程如下。

① 设置 IFR 寄存器的相应标志位。

② 测试应答条件(INTM＝0 且相应的 IMR＝1)。如果条件为真,则 CPU 应答该中断,产生一个 $\overline{\text{IACK}}$ 信号;否则,忽略该中断并继续执行主程序。

③ 当中断已经被应答后,IFR 相应的标志位被清除,并且 INTM 位被置1(屏蔽其他可屏蔽中断)。

④ PC 值保存到堆栈中。

⑤ CPU 分支转移到中断服务程序并执行 ISR。

⑥ ISR 由返回指令结束,该指令将返回的值从堆栈弹出给 PC。

⑦ CPU 继续执行主程序。

（2）如果请求的是一个非可屏蔽中断,则操作过程如下。

① CPU 立即应答中断,产生一个 $\overline{\text{IACK}}$ 信号。

② 如果中断是由 $\overline{\text{IRS}}$、NMI 或 INTR 指令请求的,则 INTM 位被置1(屏蔽其他可屏蔽中断)。

③ 如果 INTR 指令已经请求了一个可屏蔽中断,那么相应的标志位被清零。

④ PC 值保存到堆栈中。

⑤ CPU 分支转移到中断服务程序并执行 ISR。

⑥ ISR 由返回指令结束,该指令将返回的值从堆栈中弹出给 PC。

⑦ CPU 继续执行主程序。

2.6 片内外设

C54x 器件除了提供哈佛结构的总线、功能强大的 CPU 以及大容量的存储空间外,还提供了必要的片内外部设备(即片内外设)。

片内外设是集成在 DSP 内部的外部设备。不同型号的 C54x 芯片所配置的片内外设有所不同,这些片内外设主要包括通用 I/O 引脚、定时器、时钟发生器、主机接口 HPI、串行通信接口、软件可编程等待状态发生器和可编程分区转换逻辑等。

1. 通用 I/O 引脚

C54x 芯片为用户提供了两个通用的 I/O 引脚 $\overline{\text{BIO}}$ 和 XF。

$\overline{\text{BIO}}$：用来监控外部设备的运行状态。在实时控制系统中,通过查询此引脚控制程序流向,以避免中断引起的失控现象。

XF：用于程序向外设传输标志信息。通过此引脚的置位或复位,可以控制外设的工作。

2. 定时器

C54x 的定时器是一个带有 4 位预分频器的 16 位可编程减法计数器。这个减法计数器每1个时钟周期自动减1,当计数器减到0时产生定时中断。通过编程设置特定的状态可使定时器停止、恢复运行、复位或禁止。

例如,TMS320VC5402有两个16位的定时器,每个定时器带有一个4位预分频器PSC和16位定时计数器TIM。CLKOUT时钟先经PSC预分频后,用分频的时钟再对TIM作减1计数,当TIM减为0时,将在定时器输出管脚TOUT上产生一个脉冲,同时产生定时器中断请求,并将定时器周期寄存器PRD的值装入TIM。

定时器由TIM、PRD、TCR三个寄存器和相应的输出管脚TOUT组成。TIM在数据存储器中的地址为0024H,是减1计数器;PRD的地址为0025H,存放定时时间常数;TCR的地址为0026H,存储定时器的控制及状态位。

定时器产生中断的计算公式如下:

$$定时周期=CLKOUT\times(TDDR+1)\times(PRD+1)$$

TMS320VC5402的定时器可以被特定的状态位实现停止、重新启动、重新设置或禁止,可以使用该定时器产生周期性的CPU中断。

3. 时钟发生器

主要用来为CPU提供时钟信号,由内部振荡器和锁相环(PLL)电路两部分组成。可通过内部的晶振或外部的时钟源驱动。

4. 主机接口HPI

主机接口HPI是C54x芯片具有的一种8位或16位的并行接口部件,主要用于DSP与其他总线或主处理机进行通信。

HPI接口通过HPI控制寄存器(HPIC)、地址寄存器(HPIA)、数据锁存器(HPID)和HPI内存块实现与主机的通信。

5. 串行通信接口

C54x内部具有功能很强的高速、全双工串行通信接口,可以和其他串行器件直接接口。共有4种串行口:

(1) 标准同步串行口SP;

(2) 缓冲同步串行口BSP;

(3) 时分多路串行口TDM;

(4) 多路缓冲串行口McBSP。

6. 软件可编程等待状态发生器

主要功能是通过软件设置,完成外部总线周期的扩展,从而方便地实现C54x芯片与慢速的外部存储器和I/O设备的接口。

在访问外部存储器时,软件等待状态寄存器(SWWSR)可为每32千字的程序、数据存储单元块和64千字的I/O空间确定0~14个等待状态。

习　题　2

一、填空题

1. TMS320C54x 是 TI 公司为实现高速实时信号处理专设的定点 DSP,采用_____结构和_____组_____位总线结构,适用于远程通信等实时嵌入式应用。

2. TMS320C54x 内核 CPU 包含一个_____b 的 ALU 算术逻辑运算单元,_____个 40b 的累加器和一个_____b 的桶形移位寄存器。DSP 主要通过 CPU 中的_____和_____两个基本部件完成大部分的算术和逻辑运算。

3. TMS320C54x 采用多总线结构,其中_____为程序总线,_____为数据总线,_____为地址总线。程序总线用于传送取自_____的_____和_____;数据存储器将内部各单元连接在一起,其中,_____总线传送从数据存储器读出的操作数,_____总线传送写到存储器中的数据,地址总线用于传送指令执行所需的_____。

4. TMS320C54x 有一组在片双向总线用于寻址片内外围电路,这条总线通过 CPU 接口中的总线交换器与_____和_____连接。

5. 累加器 A 的结构中,AG 为_____,AH 为_____,AL 为_____。其中的_____位作为计算时的数据位余量,防止在迭代运算中产生溢出。

6. 利用 STH 指令可以将累加器中的内容存放到_____中。

7. 指数编码器是用于支持单周期指令_____的专用硬件。在该指令中,累加器中的指数以_____的形式存储在_____中。

8. TMS320C54x 的桶形移位寄存器是_____位的,主要用于累加器或数据区操作数的定标。它能将输入数据进行_____位的左移和_____位的右移,所移动的位数可由立即数、ST1 中的_____或_____的低 6 位来决定。

9. TMS320C54x 的 DSP 中有三个状态与控制寄存器,分别为_____、_____、_____,其中_____主要用于设定并控制处理器的工作模式,该寄存器中的_____位是时钟关断位。当此位=_____时,引脚禁止输出。

10. 状态寄存器 ST0 中,_____位为测试/控制标志,用于保存_____的测试位操作结果;_____位为累加器 A 的溢出标志位。

11. DSP 的存储器均包含片内 RAM 和片内 ROM,其中片内 RAM 又分为_____和_____,片内 ROM 主要存放_____和_____。

12. TMS320C54x 共有 192K 字的存储空间,分成三个相互独立可选择的存储空间:_____、_____和_____。

13. C54x 提供一个具有_____字的 I/O 空间,用来提供与外部存储器映射的接口,可以作为外部数据存储空间使用,主要用于对_____的访问。可以使用输入指令_____和输出指令_____对此空间寻址。

14. _____是计算机系统提供实时操作及多任务多进程操作的关键部分。

15. TMS320C54x 既支持软件中断,又支持硬件中断。_____中断是由程序指令 INTR、TRAP 或 RESET 等要求的中断;_____中断是指由设备信号要求的中断。_____中断不分优先级,_____中断有优先级。

16. 中断寄存器包括_____和_____两种。

17. C54x 芯片为用户提供了两个通用的 I/O 引脚_____和_____。

18. 时钟发生器主要用来为 CPU 提供_____,由_____和_____两部分组成,可通过内部的晶振或外部的时钟源驱动。

二、选择题

1. 累加器 A=FF 2548 3320H,执行指令 STH A,−4,T 后,暂存器 T 和累加器 A 的内容为(   )。

    A. T=F254H,A=FF 2548 3320H   B. T=5483H,A=FF 2548 3320H

    C. T=F254H,A=F2 5483 3200H   D. T=5483H,A=FF F254 8332H

2. 累加器 A=FF 1246 3870H,执行指令 STL A,8,T 后,暂存器 T 和累加器 A 的内容为(   )。

    A. T=4638H,A=FF 1246 3870H   B. T=7000H,A=FF 1246 3870H

    C. T=4638H,A=12 4638 7000H   D. T=7000H,A=FF FF12 4638H

3. 下列(   )不能用于定义移位寄存器的移位方式?

    A. T 的低 6 位   B. 指令中的立即数

    C. ASM 位   D. 累加器 A 的高价位

4. 下列(   )不属于比较、选择和存储单元 CSSU 中的器件?

    A. 多路选择器 MUX   B. 比较电路 COMP

    C. 符号控制   D. 状态转移寄存器 TRN

5. 若要求 CPU 的工作方式设置为允许符号位扩展,并采用双 16 位算术运算方式,则对状态寄存器 ST1 相应控制位的要求是(   )。

    A. SXM=0,C16=1   B. SXM=1,C16=0

    C. SXM=1,C16=1   D. SXM=0,C16=0

6. 若要求 CPU 的工作方式设置为允许片内 ROM 映射到数据空间,并采用微计算机模式,则对寄存器 PMST 相应控制位的要求是(   )。

    A. DROM=1,MP/$\overline{MC}$=1   B. DROM=0,MP/$\overline{MC}$=0

    C. DROM=0,MP/$\overline{MC}$=1   D. DROM=1,MP/$\overline{MC}$=0

7. TMS320C54X DSP 主机接口 HPI 是(   )位的并行口。

    A. 4   B. 8   C. 24   D. 32

8. TMS320C 5416 是 TI 公司的高性能、低功耗的(   )DSP。

    A. 8 位定点   B. 16 位定点   C. 24 位定点   D. 32 位浮点

9. 下列说法正确的是(   )。

    A. 累加器 A 和 B 的作用相同,没有差别,可以互换使用

    B. ALU 的处理结果都送到累加器中

    C. DSP 的特点可以总结为运算能力强、控制能力强

    D. 桶形移位寄存器可以进行−16～+31 之间数的移位,其中正数右移、负数左移

10. 下列说法正确的是(   )。

    A. TMS320C54x 片内存储器和片外存储器是分别独立编址的

    B. CSSU 工作时,比较 AH 和 AL 中的数,当 AH>AL 时将 AL 值存放到数据存

储器中

  C. 在 DSP 中进行符号扩展的原则是：当为正数时，多余的符号位全部扩展为 0，当为负数时，全部扩展为 1

  D. C54x 片内 RAM 分成 SARAM 和 DARAM 两个部分，其中 DARAM 允许在一个周期内访问两次

11. 下列说法正确的是（　　）。

  A. TMS320C54x 共有三个 32 位的状态与控制寄存器

  B. PMST 反映寻址要求和计算的初始状态设置

  C. 状态寄存器 ST1 反映寻址要求和计算的中间运行状态

  D. CSSU 与 ALU 配合，可以实现数据通信与模式识别领域常用的蝶形运算

12. TMS320C54x 最多可以支持（　　）个用户可屏蔽中断。

  A. 4   B. 8   C. 16   D. 32

13. （　　）是一个对 C54x 所有操作方式产生影响的非屏蔽中断。

  A. RS   B. NMI   C. SINT0   D. SINT15

14. 下列（　　）不属于 C54x 系列 DSP 芯片的片内外设？

  A. 定时器   B. 主机接口 HPI   C. 时钟发生器   D. 指数译码器

三、简答题

1. 请叙述 TMS320C54x 累加器的三个组成部分，以及累加器 A 与 B 的区别。

2. TMS320C54x 共有哪几个状态与控制寄存器？分别叙述各自的作用。

3. TMS320C54x 的总存储空间为多少？可分为哪三类，它们的大小是多少？试述三种存储器空间各自的作用是什么？

4. 请叙述 TMS320C54x 片内总线的种类及各自传输的内容。

5. 算术逻辑运算单元的输入可以来自哪些部件？

6. 无论是软件中断还是硬件中断，都可分为哪两种类型？分别对其进行介绍。

7. 请叙述 CPU 产生中断的操作流程。

8. TMS320C54x 的片内外设包括哪些？

第3章

DSP系统设计与开发

3.1 DSP系统的构成

典型的 DSP 系统构成如图 3.1 所示。输入信号 x(t)可以是语音信号、图像信号、视频信号等。经过 DSP 系统处理的过程主要包括以下几个步骤：

(1) 对输入信号 x(t)进行抗混叠滤波，滤掉高于折叠频率的分量，以防止信号频谱的混叠；

(2) 经采样和 A/D 转换器，将滤波后的信号转换为数字信号 x(n)；

(3) 数字信号处理器对 x(n)进行处理，得数字信号 y(n)；

(4) 经 D/A 转换器，将 y(n)转换成模拟信号；

(5) 经低通滤波器，滤除高频分量，得到平滑的模拟信号 y(t)。

图 3.1 DSP 系统构成

3.2 DSP 系统的设计过程

如图 3.2 所示，DSP 系统的设计步骤分为以下几个阶段。

1. 明确设计任务，确定设计目标

在进行 DSP 系统设计之前，首先要根据系统需求，明确设计任务。DSP 系统的需求分析要考虑实时性、稳定性、算法的复杂度、成本、系统类型等多个指标。

2. 确定性能指标

技术性能指标主要包括系统的采样频率和实时处理性能、存储器容量、系统的精度、应用环境、体积、重量、功耗、可靠性、可维护性以及成本等。

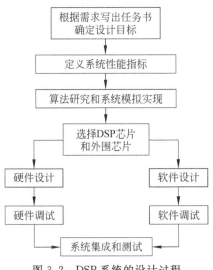

图 3.2 DSP 系统的设计过程

3. 算法模拟

算法模拟阶段是 DSP 实际系统设计中重要的一步,它决定了系统性能指标能否实现,系统以何种算法和结构应对需求。首先应对一个实时信号处理系统的任务选择多种算法,用仿真工具(如 MATLAB)进行算法的模拟,以验证算法是否满足系统的性能要求,然后从多个算法中找出最佳算法。算法模拟可以使用实际采集的信号,也可以是假设的数据。

4. 选择 DSP 芯片和外围芯片

对于最终产品而言,系统的主要成本由硬件决定,DSP 芯片是处理系统的核心,因此选择合适的芯片是设计时非常重要的一个环节,选定 DSP 芯片后才能进一步设计其外围电路并选择外围芯片。DSP 芯片的选择需考虑运算速度、芯片的价格、运算精度、硬件资源、开发工具、功耗等因素(详见 1.2.4 节)。

5. 设计实时的 DSP 应用系统

系统设计包括硬件设计与调试、软件设计与调试。硬件设计部分需要确定系统的硬件实现方案、完成器件的选型、完成原理图的设计和印刷电路板的布线等,最后进行焊接调试。软件设计部分主要是编写 DSP 程序,可以采用汇编语言,也可以采用 C/C++ 等高级语言。实际系统中常采用两种语言的混合编程,即在运算量大的地方采用汇编语言,其他则采用高级语言。这样既可以缩短软件开发的周期、提高程序的可读性和可移植性,又能满足系统实时运算的要求。

6. 系统集成和测试

所谓系统集成是利用 DSP 厂家提供的软件将软件程序生成固定的格式,写入到 DSP 开发板中,代码固化后,DSP 系统就可以脱离仿真器独立运行了。DSP 系统在可以独立运行之后,还应该继续进行一系列的系统性能测试,评估系统的性能指标是否达到设计要求。

3.3　DSP 系统的硬件开发

DSP 系统的硬件开发需要确定系统的硬件实现方案,完成器件选型、原理图设计、电路板布线和硬件调试等。硬件开发工具主要包括 DSP 开发板和硬件仿真器。目前很多厂商都可以提供现成的 DSP 开发板,除此之外,有些公司(如 TI)还提供 DSK(DSP Starter Kit)初学者入门套件、EVM(Evaluation Module)评估板、DSP 系统开发平台等一系列系统调试工具。

(1) 初学者工具 DSK:是 TI 公司提供给初学者进行 DSP 编程练习的一套廉价的实时软件调试工具。

(2) 软件开发系统 SWDS:是一块 PC 插卡,可提供低成本的评价和实时软件开发,还可用来进行软件调试,程序可在 DSP 芯片上实时运行。

(3) 可扩展的开发系统仿真器(XDS510):可用来进行系统级的集成调试,是进行 DSP 芯片软硬件开发的最佳工具。

（4）评价模块 EVM 板：是一种低成本的开发板，可进行 DSP 芯片评价、性能评估和有限的系统调试。

（5）DSP 系统开发平台：在 DSP 开发系统平台上，用户可以将面向特定应用的软件和硬件组合在一个简单实用的开发环境中，降低了设计复杂性。通过集成开发环境 CCS 完成程序的编写、汇编、链接以及程序的软件仿真。

3.4　DSP 系统的软件开发

在 DSP 系统的设计与开发过程中，最关键的是软件和硬件的设计与开发。对于设计者来说，不仅需要对相关芯片的硬件结构和技术指标熟悉，更要熟练掌握系统开发流程及开发环境和工具的使用。

软件开发主要完成以下两项工作：编写源程序和选择开发工具与环境。软件开发过程就是程序的编写、编译、汇编和链接以产生可执行文件的过程，编程语言可以选择 C 语言、汇编语言或混合编程，软件开发需要借助 TI 公司提供的软件开发工具。

3.4.1　编程语言的选择

C54x 提供两种编程语言，即汇编语言和 C/C++ 语言（其中 C++ 语言对硬件资源要求较高）。对于完成一般功能的代码，这两种语言都可使用，但对于一些运算量很大的关键代码，最好采用汇编语言来完成，以提高程序的运算效率。

对于初学者，最好先以汇编语言作为入门编程工具来学习，这样易于深刻理解 DSP 的工作原理。对 TMS320C54x 比较熟悉后，在大部分实际工程应用中，则优先考虑 C/C++ 语言开发，这样可大大提高开发效率。但某些实际应用中也存在特殊情况，例如在对 CPU 运行时间要求苛刻或对执行频率要求非常高的程序代码编写中，也必须使用手工汇编，剔除冗余代码，这样就会用到 C 与汇编混合编程。目前，在设计中较多的是采用二者混合编程的形式。

3.4.2　软件开发工具与环境

开发工具的功能是否齐全、使用是否方便，很大程度上影响着 DSP 系统的开发周期及产品上市时间。目前 DSP 系统的软件开发环境有两种，一种是比较早期的分立开发工具集，即非集成开发环境；另一种是目前广泛使用的集成开发环境（Code Composer Studio，CCS）。CCS 集成了分立的开发工具集的所有功能，并提供了可视化的分析工具等诸多功能，大大方便了开发过程。TI 公司提供的 DSP 开发环境和工具主要包括三个部分：代码生成工具、代码调试工具和实时操作系统。为了便于理解，本节以分立的开发工具集为例，介绍软件开发所必需的流程，有关 CCS 集成开发环境的使用将在第 4 章做详细介绍。

DSP 软件开发流程如图 3.3 所示，其中阴影部分是最常用的软件开发流程，其他部分为可选项。下面简要介绍图 3.3 中各开发工具的作用。

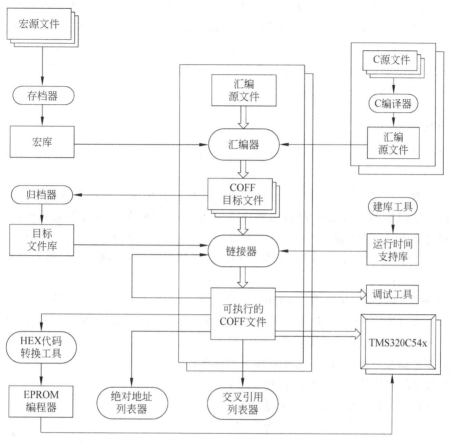

图 3.3 DSP 软件开发流程图

1. C 编译器

C 编译器用来将 C/C++ 语言源程序自动编译为汇编语言源程序。注意,这里的 C 编译器不像在 PC 上开发 C 程序一样会输出目标文件(.obj),而是输出满足 C54x 条件的汇编程序(.asm)。这是因为 C54x 中的 C 编程效率是较低的,所以它的 C 编译器才输出汇编程序,让用户可以对该汇编程序进行最大限度的优化,提高程序效率。

C 编译器包含三个功能模块:语法分析、代码优化和代码产生。其中语法分析(Parser)完成 C 语法检查和分析;代码优化(Optimizer)对程序进行优化,以提高效率;代码产生(Code Generator)将 C 程序转换成 C54x 的汇编源程序。C54x 的 C 编译器可以单独使用,也可以连同链接器一起完成编译、汇编和链接的工作。

2. 汇编器

汇编器用来将汇编语言源文件汇编成机器语言 COFF 目标文件,汇编器接收汇编语言源文件作为输入,汇编语言源文件可以是文本编辑器直接编写的,也可以是由 C 语言经编译后得到的。

汇编器可完成如下工作:处理汇编语言源文件中的源语句,生成一个可重复定位的目标文件;根据要求产生源程序列表文件,并提供对源程序列表文件的控制;将代码分成段,并为每个目标代码段设置一个段程序计数器(Section Program Counter,SPC),并把代码和数据汇编到指定的段中,在存储器中为未初始化段留出空间;定义(.def)和引用(.ref)全局符号(Global Symbol),根据要求,将交叉参考列表加到源程序列表中;汇编条件段支持宏调用,允许在程序中或在库中定义宏。

3. 链接器

链接器将汇编生成的、可重新定位的 COFF 目标模块组合成一个可执行的 COFF 目标模块。

链接器允许用户自行配置目标系统的存储空间,也就是为程序中的各个段分配存储空间。链接器能根据用户的配置,将各段重定位到指定的区域,包括各段的起始地址、符号的相对偏移等。因为汇编器并不关心用户的定义,而是直接将 .text 的起始地址设为00 0000H,后面接着是.data 和用户自定义段。如果用户不配置存储空间,链接器也将按同样的方式定位各段。

C54x 的链接器能够接收多个 COFF 目标文件(.obj),这些文件可以是直接输入的,也可以是目标文件库(Object Library)中包含的。在多个目标文件的情况下,链接器将会把各个文件中的相同段组合在一起,生成 COFF 执行文件。

用链接器链接目标文件时,它要完成下列任务:

(1) 将各段定位到目标系统的存储器中;

(2) 为符号和各段指定最终的地址;

(3) 定位输入文件之间未定义的外部引用。

用户可以利用链接器命令语言来编制链接器命令文件(.cmd),自行配置目标系统的存储空间分配,并为各段指定地址。常用的命令指示符有 MEMORY 和 SECTIONS 这两个,利用它们可以完成下列功能:

(1) 为各段指定存储区域;

(2) 组合各目标文件中的段;

(3) 在链接时定义或重新定义全局符号。

4. 归档器

归档器允许用户将一组文件(源文件或目标文件)集中为一个文档文件库。

5. 建库工具

建库工具用来建立用户自己使用的,并用 C/C++ 语言编写的支持运行的库函数。

6. HEX 十六进制转换工具

HEX 十六进制转换工具可以很方便地将 COFF 目标文件转换成 TI、Intel、Motorola 等公司的目标文件格式。

7. 绝对地址列表器

绝对地址列表器属于调试工具,能将链接后的目标文件作为输入,生成一个列表文件(.abs),该列表文件将列出程序代码的绝对地址。

8. 交叉引用列表器

交叉引用列表器属于调试工具,能利用目标文件生成一个交叉引用清单,列出链接的源文件中的符号以及它们的定义和引用情况。

DSP软件开发包括以下几个阶段:C编译阶段、汇编阶段、链接阶段、调试阶段,涉及到C编译器、汇编器、链接器等开发工具。编制一个汇编程序,需要经历下列步骤:

(1) 用户用C/C++语言或汇编语言编写满足C54x汇编器格式要求的源文件。

(2) 经C编译器、汇编器生成公共目标文件格式(Common Object File Format,COFF)的目标文件(.obj),称为COFF目标文件。

(3) 调用链接器对目标文件进行链接,如果包含可运行支持库和目标文件库,链接器还会到所保护的库中搜索所需要的成员。

(4) 生成在DSP上可执行的目标代码(后缀为.out的可执行文件)。

(5) 将可执行文件下载到DSP中执行,也可以利用调试工具对程序进行跟踪、调试或优化,也可利用交叉参考列表器(Cross-reference Lister)和绝对列表器(Absolute Lister)生成一些包含调试信息的表。

(6) 当调试完成后,通过Hex代码转换工具,将调试后的可执行目标代码转换成EPROM编程器能接收的代码,并将该代码固化到EPROM中或加载到用户的应用系统中,以便DSP目标系统脱离计算机单独运行。

习　题　3

一、填空题

1. TMS320C54x提供_____和_____两种编程语言,对于一些运算量很大的关键代码,一般采用_____语言来编写。

2. 在设计实际的DSP系统之前需要用_____进行算法的模拟,以验证算法是否满足系统的性能要求。

3. TMS320C54x提供两种开发环境:_____和_____。

4. TI公司提供的DSP开发环境和工具主要包括_____、_____和_____三个部分。

5. 经C编译器、汇编器生成的COFF目标文件格式为*._____,完成编译、汇编、链接后所形成的可执行文件格式为*._____,可在CCS监控下调试和执行。

6. DSP软件开发包括以下几个阶段:_____、_____、_____和_____。

7. 建库工具是用来建立用户自己使用的,并用C/C++语言编写的支持运行的_____。

8. 系统集成是利用DSP厂家提供的软件将软件程序生成固定的格式,写入到_____中,代码固化后,DSP系统就可以脱离仿真器独立运行了。

二、选择题

1. DSP 软件设计部分主要是编写 DSP 程序,可以采用多种语言进行编程,一般在运算量大的地方采用以下( )。

    A. 汇编语言   B. C 语言   C. C++ 语言   D. MATLAB 语言

2. 下列( )不属于 DSP 系统的硬件开发工具。

    A. DSK   B. DSP 开发板   C. 仿真器   D. 链接器

3. 下列( )不属于 DSP 系统的软件开发工具。

    A. 汇编器   B. 链接器   C. 仿真器   D. 编译器

4. 下列( )属于 DSP 系统的软件调试工具。

    A. 汇编器   B. 链接器

    C. 交叉引用列表器   D. 编译器

三、简答题

1. 简述 DSP 系统进行信号处理的过程。

2. 简述 DSP 系统的设计步骤。

3. 简述 DSP 系统有哪些硬件开发工具。

4. 简述编译器、汇编器和链接器的作用。

5. 如何选择编程语言?

6. 编制一个汇编程序?需要经历哪些步骤?

第4章

CCS集成开发环境

4.1　CCS　简　介

CCS是一种针对TMS320系列DSP的集成开发环境,在Windows操作系统下,采用图形接口界面,提供了环境配置、源文件编辑、程序调试、跟踪和分析等工具。

CCS有两种工作模式,第一种是软件仿真器模式,可以脱离DSP芯片,在PC上模拟DSP的指令集和工作机制,主要用于前期算法实现和调试;第二种是硬件在线编程模式,可以实时运行在DSP芯片上,与硬件开发板相结合在线编程和调试应用程序。

CCS的功能十分强大,它集成了代码的编辑、编译、链接和调试等诸多功能,而且支持C/C++和汇编的混合编程,其主要功能如下。

(1) 具有集成可视化代码编辑界面,用户可通过其界面直接编写C、汇编、cmd文件等。

(2) 含有集成代码生成工具,包括汇编器、优化C编译器、链接器等,将代码的编辑、编译、链接和调试等诸多功能集成到一个软件环境中。

(3) 高性能编辑器支持汇编文件的动态语法加亮显示,使用户很容易阅读代码,发现语法错误。

(4) 工程项目管理工具可对用户程序实行项目管理。在生成目标程序和程序库的过程中,建立不同程序的跟踪信息,通过跟踪信息对不同的程序进行分类管理。

(5) 基本调试工具具有装入执行代码,查看寄存器、存储器、反汇编、变量窗口等功能,并支持C源代码级调试。

(6) 断点工具,能在调试程序的过程中,完成硬件断点、软件断点和条件断点的设置。

(7) 探测点工具,可用于算法的仿真、数据的实时监视等。

(8) 分析工具,包括模拟器和仿真器分析,可用于模拟和监视硬件的功能、评价代码执行的时钟。

(9) 数据的图形显示工具,可以将运算结果用图形显示,包括显示时域/频域波形、眼图、星座图、图像等,并能进行自动刷新。

(10) 提供GEL工具。利用GEL扩展语言,用户可以编写自己的控制面板/菜单,设置GEL菜单选项,方便直观地修改变量、配置参数等。

(11) 支持多DSP的调试。

(12) 支持RTDX技术,可在不中断目标系统运行的情况下,实现DSP与其他应用程序的数据交换。

（13）提供 DSP/BIOS 工具，增强对代码的实时分析能力。

到目前为止，TI 公司已经先后推出了 v1. x、v2. x、v3. x、v4. x、v5. x、v6. x 等多个版本的 CCS，各个版本的功能大体一致。V3.0 以前的版本只支持 TI 公司的一个 DSP 系列（如 TMS320C5000 CCS v2.2 仅支持 C5000 系列的芯片开发），开发其他系列的 DSP 要安装相应的 CCS 软件。v3.0 及其后续版本支持所有的 CCS 系列。应用比较广泛的是 v3.3 版本，但是 v3 以及之前的版本只能在 Windows XP 系统上使用，之后的 CCS 版本支持 Windows 7 及更高版本的 Windows 系统。目前，TI 公司还推出了 CCS Cloud，无须安装程序，可以通过访问相关网站立即开发，完成在云中编辑、编译和调试等基本的功能，当需要完成更复杂的功能时，可以将代码从云版下载到桌面再进行开发。

在使用 CCS 前，应该先了解以下软件的文件名约定：

Project. pjt	CCS 定义的工程文件；
Program. c	C 程序文件；
Program. asm	汇编语言程序文件；
Filename. h	头文件，包括 DSP/BIOS API 模块；
Filename. lib	库文件；
Project. cmd	连接命令文件；
Program. obj	编译后的目标文件；
Program. out	可在目标 DSP 上执行的文件，可在 CCS 监控下调试/执行；
Program. cdb	CCS 的设置数据库文件，是使用 DSP/BIOS API 所必需的，其他没有使用 DSP/BIOS API 的程序也可以使用。

4.2 CCS v5 的安装

本章以 CCS v5.1 为例做介绍，其安装程序可到 TI 网站下载。

（1）打开 CCS 5.1 安装包，运行安装程序 ccs_setup_5.1.1.00031. exe 进行安装，如图 4.1 所示，并在如图 4.2 所示的安装许可界面中选择接受。

baserepo	2012/2/16 10:57	文件夹	
binary	2012/2/16 11:24	文件夹	
featurerepo	2012/2/16 10:59	文件夹	
artifacts	2012/2/16 11:23	WinRAR 压缩文件	1 KB
ccs_setup_5.1.1.00031	2012/2/10 20:53	应用程序	2,010 KB
content	2012/2/16 11:23	WinRAR 压缩文件	2 KB
README_FIRST	2016/6/23 9:32	文本文档	2 KB
timestamp	2012/2/10 20:53	文本文档	1 KB
features	2012/2/16 11:24	文件夹	

图 4.1 CCS 5.1 安装包

（2）默认安装路径是在 C 盘，可以更改到其他盘，但是路径名称一定要是英文的，如图 4.3 所示。

（3）单击 Custom 安装，根据项目需要选择需要安装的内容，如图 4.4 所示。

（4）根据自己需要选择要安装的内容，CCS 5.1 支持 msp430 系列 MCU、ARM、C2000、C5000、C6000 单/多核、Davinci 等一系列处理器，如图 4.5 所示。

图 4.2　安装许可界面

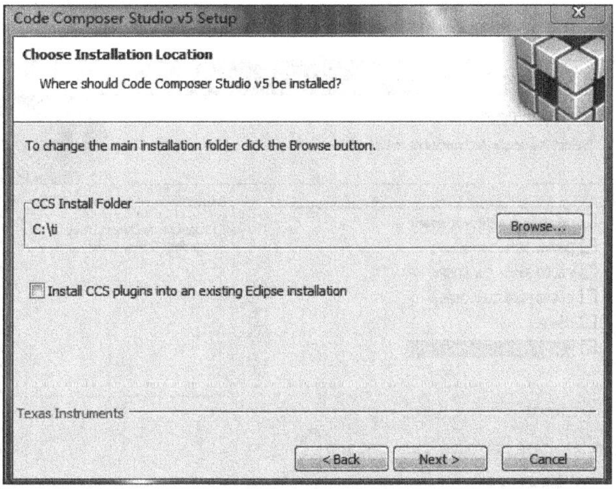

图 4.3　安装路径

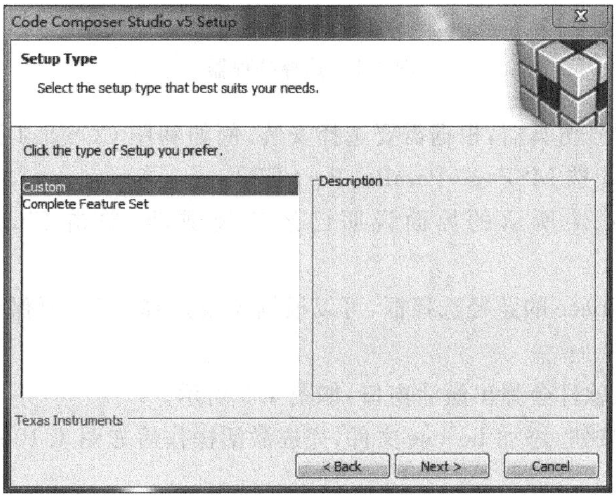

图 4.4　选择安装的内容

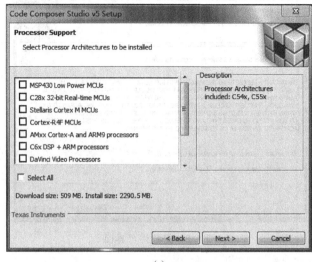

(a)

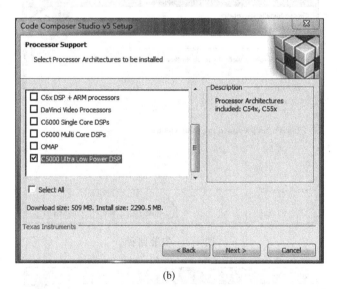

(b)

图 4.5　选择处理器

（5）支持多种型号仿真器，根据需要选择安装，例如利用 CCS 5.1 开发 MSP430 系统，并口仿真器，就需要勾选 MSP430 Parallel Port FET。

（6）出现如图 4.7 所示的界面说明已经安装成功，单击 Finish 按钮，进入启动界面。

（7）弹出 Workspace 的路径选择框，可以根据需要选择，但是要保证路径是英文路径，如图 4.8 所示。

（8）第一次进入软件会弹出激活窗口，如图 4.9 所示。

（9）单击 Next 按钮，添加 license 文件，完成激活操作后如图 4.10 所示。

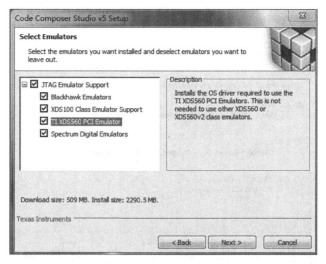

图 4.6　选择仿真器

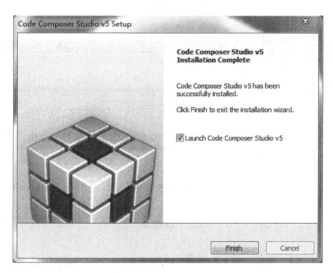

图 4.7　安装完成

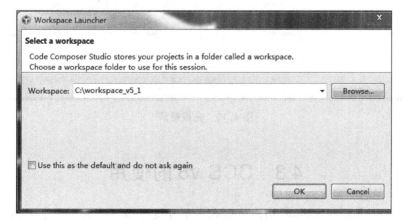

图 4.8　选择 Workspace

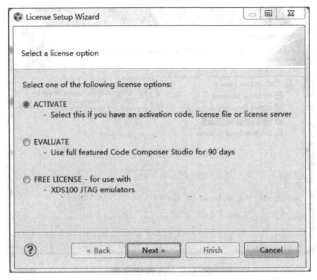

图 4.9　激活窗口

图 4.10　完成激活

4.3　CCS v5 的使用

利用 CCS v5 集成开发环境,用户可以在一个开发环境下完成工程定义、程序编辑、编译链接、调试和数据分析等工作环节。使用 CCS 开发应用程序的一般步骤如下。

（1）打开或建立一个工程文件。工程文件中包括源程序（C 或汇编）、目标文件、库文件、连接命令文件和包含文件。

（2）使用 CCS 集成编辑环境编辑各类文件，如头文件（.h 文件）、命令文件（.cmd 文件）和源程序（.c,.asm 文件）等。

（3）对工程文件进行编译。如果有语法错误，将在构建（Build）窗口中显示出来，用户可以根据显示的信息定位错误位置，更改错误。

（4）排除程序的语法错误后，用户可以对计算结果/输出数据进行分析，评估算法性能。CCS 提供了探针、图形显示、性能测试等工具来分析数据、评估性能。

下面简要介绍 CCS v5 如何使用。

4.3.1　CCS v5 的窗口

如图 4.11 所示，CCS 应用窗口由主菜单、工具条、工程窗口、编辑窗口、图形显示窗口、内存单元显示窗口和寄存器显示窗口等构成。

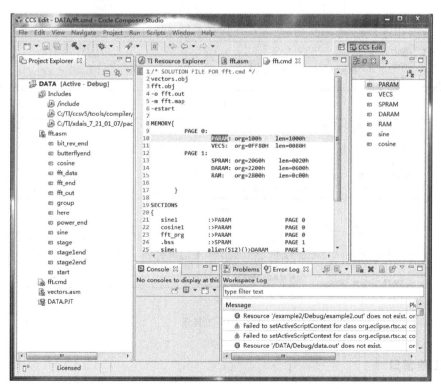

图 4.11　CCS 应用窗口

1. 主菜单

主菜单集成了新建、编辑文件和工程，编辑文件，运行、调试程序等各种功能。主菜单中各选项的使用在后续的章节中会结合具体使用详细介绍，用户如果需要了解更详细的信息，请参阅 CCS 在线帮助 Commands。

2. 工具条

CCS 将主菜单中常用的命令筛选出来,形成各类工具条,依次如图 4.12 所示,用户可以单击工具条上的按钮执行相应的操作。

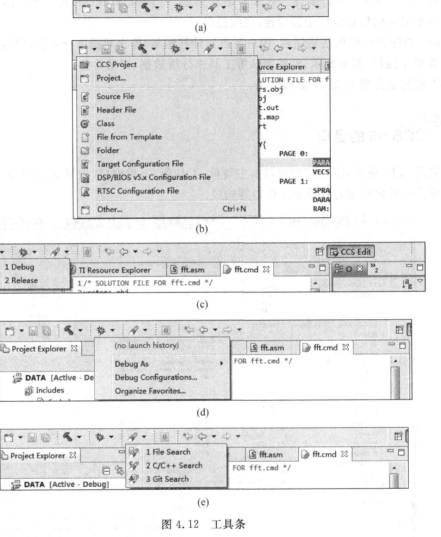

图 4.12　工具条

3. 工程窗口

工程窗口用于组织用户的若干程序构成一个项目,用户可以从工程列表中选择需要编辑和调试的特定程序。在源程序编辑/调试窗口中用户既可以编辑程序,又可以设置断点、探针、调试程序。反汇编窗口可以帮助用户查看机器指令、查找错误。内存和寄存器显示窗口可以查看、编辑内存单元和寄存器。图形显示窗口可以根据用户需要直接或经过处理后显示数据。用户可以通过主菜单 Windows 条目来管理各窗口。

4. 关联菜单

在任一 CCS 活动窗口中单击鼠标右键都可以弹出与此窗口内容相关的菜单,称其为关联菜单(Context Menu)。利用此菜单,用户可以对本窗口内容进行特定的操作。例如,在 Project View Windows 窗口中单击鼠标右键,弹出菜单,选择不同的条目,可以完成添加程序、扫描相关性、关闭当前工程等功能。

4.3.2　新建工程文件

(1) 首先打开 CCS v5.1 并确定工作区间,选择 File→New→CCS Project,弹出"新建工程"对话框。

(2) 在 Project name 中输入新建工程的名称,在此输入 myccs1(注意工程文件名不可以用中文)。

(3) 在 Output type 中有三个选项:Executable、Static library 和 Other,在此保留 Executable。

(4) 在 Device 部分选择器件的型号:在此 Family 选择 C5400,Variant 选择 Generic C54xx Device。

(5) 选择空工程,然后单击 Finish 完成新工程的创建,设置对话框如图 4.13 所示。

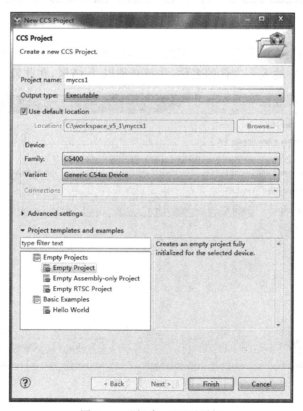

图 4.13　"新建工程"对话框

（6）创建的项目将显示在左侧 Project Explorer 中,如图 4.14 所示。和 Windows 的浏览器相似,只要双击就可展现下面的文件,然后双击文件的图标,在主窗口就会显示相应文件的源代码。

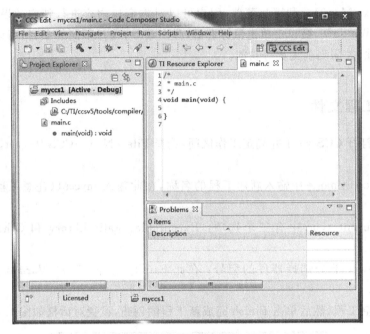

图 4.14　文件源代码

（7）新建.h 文件:在工程名上右击,选择 New→Header File 得到如图 4.15 所示的对话框,在 Header file 中输入头文件的名称,注意必须以.h 结尾,在此输入 my1.h。

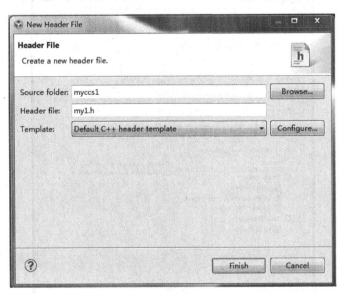

图 4.15　头文件

（8）新建.c/.asm 文件:在工程名上右击,选择 New→Source File 得到如图 4.16 所示的对话框,在 Source file 中输入 c 或 asm 文件的名称(如果源文件是 C 语言编写的,保存类型选择 ∗.c,如果使用汇编语言编写,则选择 ∗.asm 为保存类型),在此输入 my1.c。

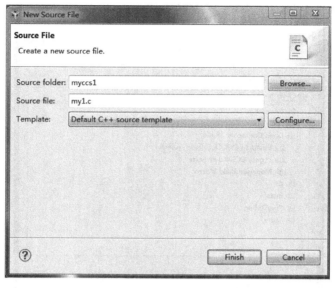

图 4.16　源文件

(9) 导入已有.h 或.c 文件:在工程名上右击,选择 Add Files 得到如图 4.17 所示的对话框,找到所需导入的文件位置,单击"打开"按钮,单击 OK 按钮,导入完成。

图 4.17　导入文件

4.3.3　导入已有的工程文件

(1) 首先打开 CCS v5.1 并确定工作区间,如 C:\Workspace,选择 File→Import 弹出如

图 4.18 所示的对话框,展开 Code Composer Studio 选择 Existing CCS/CCE Eclipse Projects 或 Legacy CCSv3.3 Projects(此处以导入 CCSv3.3 下的程序为例)。

图 4.18　导入工程

(2) 单击 Next 按钮得到如图 4.19 所示的对话框。

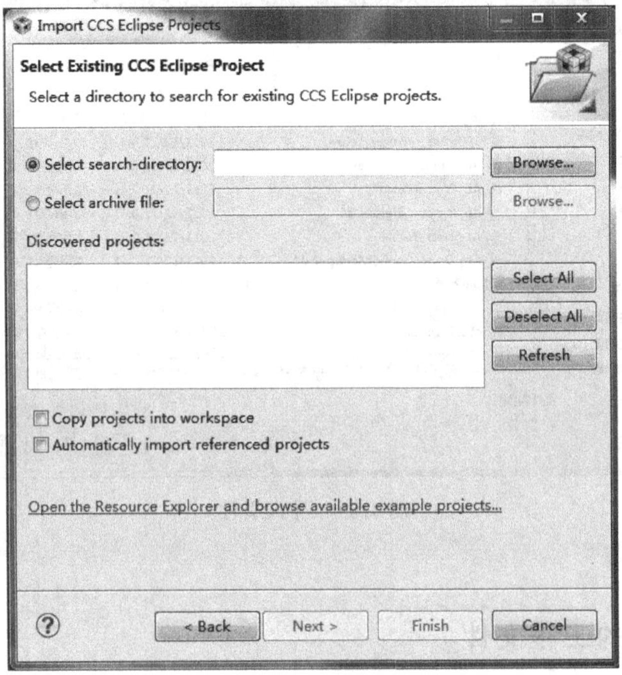

图 4.19　选择目录

（3）单击 Browse 按钮选择工程所在目录，得到如图 4.20 所示的界面。

(a)

(b)

图 4.20　导入项目

（4）单击 Finish 按钮即完成既有工程的导入。

4.3.4 调试工程

（1）首先导入工程，选择 Project→Build All 或单击工具条中的相应按钮，将工程进行编译通过。

（2）单击 Debug 按钮进行下载调试。

（3）单击运行图标运行程序，观察显示的结果。在程序调试过程中可以通过设置断点来调试程序：选择需要设置断点的位置，右击并在菜单中选择 Breakpoints→Breakpoint，断点设置成功后可以通过双击断点图标取消。程序运行的过程中可以通过单步调试按钮配合断点单步调试程序。

习 题 4

1. CCS 有哪两种工作模式？请分别介绍。

2. 简述 CCS 的主要功能。

3. TI 公司的 CCS 共经历了哪些版本？区别是什么？

4. 使用 CCS 开发应用程序的一般步骤有哪些？

第 5 章
TMS320C54x汇编语言程序设计

C54x 提供两种编程语言,即汇编语言和 C/C++ 语言。对于完成一般功能的代码,这两种语言都可使用,目前使用较多的是 C/C++ 语言,但对于一些运算量很大的关键代码,最好采用汇编语言来完成,以提高程序的运算效率。对于初学者,最好先以汇编语言作为入门编程工具来学习,这样易于深刻理解 DSP 的工作原理。因此,汇编语言程序设计是应用软件设计的基础。下面结合例子简要介绍 TMS320C54x 汇编语言源程序设计的基本方法。

5.1　汇编语言概述

TMS320C54x 汇编语言源程序由源语句组成。这些语句可以包含汇编语言指令、汇编伪指令和注释。程序的编写必须符合一定的格式,以便汇编器将源文件转换成机器语言的目标文件。汇编语言程序以 .asm 为扩展名,可以用任意的编辑器编写源文件。一条语句占源程序的一行,长度可以是源文件编辑器格式允许的长度,但汇编器每行最多读 200 个字符。因此,语句的执行部分必须限制在 200 个字符以内。

C54x 的指令系统包含助记符指令和代数指令两种形式。助记符指令是一种采用助记符号表示的类似于汇编语言的指令;代数指令是一种比汇编语言更高级,类似于高级语言的代数形式指令。两种指令具有相同的功能,本章着重介绍助记符指令。

C54x 的助记符指令由操作码和操作数两部分组成。在进行汇编以前,操作码和操作数都用助记符表示。助记符指令源语句的每一行通常包含 4 个部分:标号区、操作码区、操作数区和注释区。

源代码的书写有一定的格式,初学者往往容易忽视。每一行代码分为三个区:标号区、指令区和注释区。助记符指令语法格式为:

```
[标号][:]  操作码  [操作数]  [;注释]
```

如:

```
LD #0FFh,  A  ;将立即数 0FF 传送至 A
```

语句的书写的基本规则如下:

(1) 所有语句必须以标号、空格、星号或分号(＊或;)开始,语句各部分之间必须用空格或 Tab 分开。

(2) 一般区分大小写,除非加编译参数忽略大小写。

（3）所有包含汇编伪指令的语句必须在一行完成指定，如果源程序很长，需要书写若干行，可以在前一行用反斜杠字符（\）结束，余下部分接着在下一行继续书写。下面对指令中各部分的作用及书写规则进行介绍。

1. 标号

所有汇编指令和大多数汇编伪指令都可以选用标号，主要用于定义变量、常量、程序标识时的名称，以供本程序或其他程序调用。注意：

（1）标号为可选项，若使用标号，必须顶格写，其后的冒号"："可任选；若不使用标号，则语句的第一列必须是空格、星号或分号。

（2）标号由字母、数字以及下画线或美元符号等组成，最多可达 32 个字符。

（3）标号分大小写，且第一个字符不能是数字。例如

```
Start: .word 0Ah,3,7
```

Start 即为顶格写的标号，用于定义常量，供程序调用。

2. 指令区

指令区紧跟在标号区的后面，以空格或 Tab 格开。如果没有标号，也必须在指令前面加上空格或 Tab，不能顶格。指令区由操作码和操作数组成。操作码是指令代码，操作数是指令中参与操作的数值或汇编伪指令定义的内容。

如：

```
Start: LD #0FFh,  A   ;将立即数 0FF 传送至 A
```

其中，Start 为标号，LD 为操作码，0FFh 为源操作数，A 为目的操作数，此条指令完成的功能是将立即数 0FF 传送至累加器 A。

注意：

（1）操作数之间必须用逗号"，"分隔；

（2）操作数可以是常数、符号或表达式；

（3）操作数中的常数、符号或表达式可用来作为地址、立即数或间接地址；

（4）操作数可以有前缀，可以使用 ♯、* 和@符号作为操作数的前缀。

① 用 ♯ 作为前缀

使用 ♯ 作为前缀，汇编器将操作数作为立即数处理。即使操作数是寄存器或地址，也将作为立即数。如果操作数是地址，汇编器将把地址处理为一个数值，而不使用地址的内容。例如：

```
Label:  ADD  #99, B
```

操作数 ♯ 99 是一个立即数。

② 用 * 作为前缀

使用 * 作为前缀，汇编器将操作数作为间接地址，即把操作数的内容作为地址。例如：

```
Label:  LD  * AR3, B
```

操作数 * AR3 指定一个间接地址。该指令将引导汇编器找到寄存器 AR3 的内容作为地址,然后将该地址中的内容装入指定的累加器 B 中。

③ 用@作为前缀

使用@作为前缀,汇编器将操作数作为直接地址,即操作数由直接地址码赋值。例如:

```
Label:  LD  @x, A
```

将直接地址 x 中的内容装入指定的累加器 A 中(绝对寻址);或者 DP、SP 的值加上 x 作为地址,将其内容放入 A(直接寻址)。

3. 注释区

注释区用来说明指令功能的文字,便于用户阅读。注释区是可选项,在标号区、程序区之后,可单独一行或数行。如果注释在第一列开始时,前面必须标上 * 或";",在其他列开始的注释前面必须以分号开头,另外还有专门的注释行,以 * 开头,必须顶格开始。

5.2 寻 址 方 式

寻址方式是指寻找指令所指定的参与运算的操作数的方法。根据程序的要求采用不同的寻址方式,可以有效地缩短程序的运行时间和提高代码执行效率。C54x 芯片的寻址方式可以分为两类:数据寻址和程序寻址,其中数据寻址有 7 种方式,分别介绍如下。

1. 立即寻址

指令中含有执行指令所需的操作数,常用于初始化。操作数紧随操作码存放在程序存储器中。立即寻址的特点是指令中含有一个固定的立即数,运行速度较快,但需占用程序存储空间,且数值不能改变。

立即寻址一般用于表示常数或对寄存器初始化。需要注意的是,在立即寻址的指令中,应在数值或符号前面加一个 #,表示是一个立即数,以区别于地址。例如:

```
LD  #FF80h,A
```

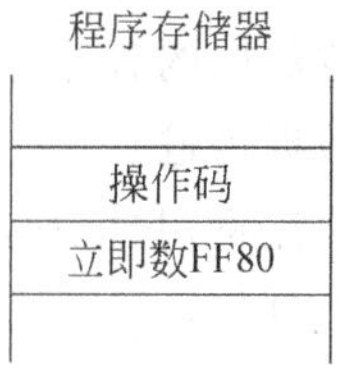

如图 5.1 所示,立即数 FF80 是与操作码一起存在程序存储器中的,指令执行后,将立即数 FF80 加载到累加器 A 中。

程序存储器

| 操作码 |
| 立即数FF80 |

图 5.1 程序存储器

2. 绝对寻址

由指令提供一个 16 位的操作数地址,利用 16 位地址来寻址操作数的存储单元。16 位地址的表示形式可以是 16 位符号常量,如 89AB、1234;也可以是地址标号,如 TABLE。绝对寻址的特点是指令中包含一个固定的 16 位地址,能寻址所有数据存储空间,但运行速度慢、需要较大的存储空间,因此,常用于对速度要求较低的场合。

绝对寻址有以下 4 种类型。

(1) 数据存储器地址(dmad)寻址,用于确定操作数存于数据存储单元的地址。例如:

```
MVKD  EXAM1, * AR5
```

EXAM1 为数据存储器的 16 位地址 dmad 值,指令将数据存储器 EXAM1 地址单元中的数据传送到 AR5 寄存器所指向的数据存储单元中。

(2) 程序存储器地址(pmad)寻址,用于确定程序存储器中的一个地址。

例如:

```
MVPD  TABLE, * AR2
```

TABLE 是程序存储器的 16 位地址 pmad 值,指令将程序存储器 TABLE 地址单元中的内容传送到 AR2 寄存器所指向的数据存储单元中。

(3) 端口(PA)寻址,用一个符号或一个数字来确定外部 I/O 端口的地址。

例如:

```
PORTR  FIFO, * AR5
```

FIFO 为 I/O 端口地址 PA,指令将一个数从端口为 FIFO 的 I/O 口传送到 AR5 寄存器所指向的数据存储单元中。

(4) ∗ (1k)寻址,使用一个指定数据空间的地址来确定数据存储器中的一个地址。

例如:

```
LD  * (PN), A
```

把地址为 PN 的数据单元中的数据装到累加器 A 中,这种寻址可用于支持单数据存储器操作数的指令。

注意: ∗ (1k)寻址的指令不能与循环指令(RPT,RPTZ)一起使用。

3. 累加器寻址

以累加器的内容作为地址去访问程序存储单元,即将累加器中的内容作为地址,用来对存放数据的程序存储器寻址。该寻址方式主要用于完成程序存储空间与数据存储空间之间的数据传输。

注意,只能使用累加器 A 寻址程序空间,Smem 用来寻址数据空间。

例如:

```
READA  x  ;将累加器 A 的内容作为地址读程序存储器,并存入数据存储单元 x 中
```

4. 直接寻址

寻址地址为 DP 或 SP 的值加上指令提供的偏移量进行寻址,所要寻址的数据存储器 16 位地址由基地址和偏移地址构成。数据存储器的低 7 位地址为偏移地址,数据页指针 DP 和堆栈指针 SP 提供基地址,使用 DP 还是 SP 由 CPL 值来决定。当 CPL=0 时,数据存储器 16 位地址由 DP 和偏移地址 dmad 构成;当 CPL=1 时,数据存储器 16 位地址由 SP 加偏移地址 dmad 构成。

直接寻址的标识为:在变量前加"@",如@x;或者在偏移量前加"@",如@5。

指令格式如图 5.2 所示。

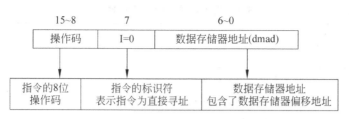

图 5.2　指令格式

直接寻址的优点是每条指令只需要一个字。因此,主要用于要求运算速度较快的场合。例如:

(1)　　　RSBX　CPL　　　;CPL=0

　　　　　LD　@x,A　　　;DP+x 的低 7 位地址的内容给累加器 A

(2)　　　SSBX　CPL　　　;CPL=1

　　　　　LD　@x,A　　　;SP+x 的低 7 位地址的内容给累加器 A

5. 间接寻址

间接寻址是根据辅助寄存器(AR0~AR7)给出的 16 位地址进行寻址的,每一个辅助寄存器都可以用来寻址 64K 字数据存储空间中的任何一个单元。两个辅助寄存器算术运算单元(ARAU0 和 ARAU1)可以根据辅助寄存器的内容进行操作,完成 16 位无符号数算术运算。

间接寻址的特点是通过辅助寄存器和辅助寄存器指针来寻址数据空间存储单元,并自动实现增量、减量、变址寻址、循环寻址,共有 16 种修正地址的方式,主要用于需要按固定步长寻址的场合。

例如:

```
LD  *AR1,A  ;以辅助寄存器 AR1 所指的 16 位地址为地址,取该地址
            ;的内容,传送给累加器 A
```

6. 存储器映像寄存器寻址

存储器映像寄存器寻址是一种不考虑 DP 和 SP 为何值、以 0 为基地址来访问 MMR 的寻址方式,主要用于修改存储器映像寄存器的内容,但不影响 DP 或 SP 的值。

7. 堆栈寻址

堆栈是指当发生中断或子程序调用时,用来自动保存 PC 内容以及保护现场或传送参数。堆栈寻址是利用 SP 指针,按照先进后出的原则进行寻址,主要用来管理系统堆栈中的操作。

5.3　指　令　系　统

C54x 的助记符指令由操作码和操作数两部分组成,在进行汇编以前,操作码和操作数都是用助记符表示的。常用的符号以及运算符如表 5.1 和表 5.2 所示。

表 5.1　指令系统中的符号及其含义

序号	符号	含义
1	A	累加器 A
2	ALU	算术逻辑运算单元
3	AR	泛指通用辅助寄存器
4	ARx	指定某一辅助寄存器 AR0～AR7
5	ARP	ST0 中的 3 位辅助寄存器指针
6	ASM	ST1 中的 5 位累加器移位方式位－16～15
7	B	累加器 B
8	BRAF	ST1 中的块重复操作标志
9	BRC	块重复操作寄存器
10	BIT 或 bit_code	用于测试指令,指定数据存储器单元中的哪一位被测试,取指范围为 0～15
11	C16	ST1 中的双 16 位/双精度算术运算方式位
12	C	ST0 中的进位位
13	CC	2 位条件码($0 \leqslant CC \leqslant 3$)
14	CMPT	ST1 中的 ARP 修正方式位
15	CPL	ST1 中的直接寻址编辑标志位
16	cond	表示一种条件的操作数,用于条件执行指令
17	[d],[D]	延时选项
18	DAB	D 地址总线
19	DAR	DAB 地址寄存器
20	dmad	16 位立即数数据存储器地址(0～65535)
21	Dmem	数据存储器操作数
22	DP	ST0 中的数据存储器页指针($0 \leqslant DP \leqslant 511$)
23	dst	目的累加器(A 和 B)
24	dst_	与 dst 相反的目的累加器
25	EAB	E 地址总线
26	EAR	EAB 地址总线
27	extpmad	23 位立即程序存储器地址
28	FRCT	ST1 中的小数方式位
29	hi(A)	累加器的高阶位(AH 或 BH)
30	HM	ST1 中的保持方式位
31	IFR	中断标志寄存器
32	INTM	ST1 中的中断屏蔽位
33	K	少于 9 位的短立即数
34	K3	3 位立即数($0 \leqslant K3 \leqslant 7$)

序号	符　号	含　义
35	K5	5 位立即数(－16≤K5≤15)
36	K9	9 位立即数(0≤K9≤511)
37	1K	16 位长立即数
38	Lmem	利用长字寻址的 32 位单数据存储器操作数
39	Mmr,MMR	存储器映像寄存器
40	MMRx,MMRy	存储器映像寄存器,AR0～AR7 或 SP
41	n	XC 指令后面的字数,取 1 或 2
42	N	指定状态寄存器,N＝0 为 ST0,N＝1 为 ST1
43	OVA	ST0 中的累加器 A 溢出标志
44	OVB	ST0 中的累加器 B 溢出标志
45	OVdst	指定目的累加器(A 或 B)的溢出标志
46	OVdst_	指定与 Ovdst 相反的目的累加器的溢出标志
47	OVsrc	指定源累加器(A 或 B)的溢出标志
48	OVM	ST1 中的溢出方式位
49	PA	16 位立即端口地址(0≤PA≤65535)
50	PAR	程序存储器地址寄存器
51	PC	程序计数器
52	Pmad	16 位立即程序存储器地址(0≤Pmad≤65535)
53	Pmem	程序存储器操作数
54	PMST	处理器工作方式状态寄存器
55	prog	程序存储器操作数
56	[R]	舍入选项
57	rnd	循环寻址
58	RC	重复计数器
59	RTN	快速返回寄存器
60	REA	块重复结束地址寄存器
61	RSA	块重复起始地址寄存器
62	SBIT	用于指定状态寄存器位的 4 位地址(0～15)
63	SHFT	4 位移位值(0～15)
64	SHIFT	5 位移位值(－16～15)
65	Sind	间接寻址的单数据存储器操作数
66	Smem	16 位单数据存储器操作数
67	SP	堆栈指针寄存器
68	src	源累加器(A 或 B)

续表

序号	符 号	含 义
69	ST0,ST1	状态寄存器0,状态寄存器1
70	SXM	ST1中的符号扩展方式位
71	T	暂存器
72	TC	ST0中的测试/控制标志
73	TOS	堆栈顶部
74	TRN	状态转移寄存器
75	TS	由T寄存器的5~0位所规定的移位数(-16~31)
76	uns	无符号数
77	XF	ST1中的外部标志状态位
78	XPC	程序计数器扩展寄存器
79	Xmem	16位双数据存储器操作数,用于双数据操作数指令
80	Ymem	16位双数据存储器操作数,用于双数据操作数指令和单数据操作指令

表5.2　指令系统的运算符号

序号	符 号	运 算 功 能	求值顺序
1	＋ － ～ ！	取正、取负、按位求补、逻辑负	从右至左
2	＊ ／ ％	乘法、除法、求模	从左至右
3	＋ －	加法、减法	从左至右
4	^	指数	从左到右
5	<< >>	左移、右移	从左到右
6	< ≤	小于、小于等于	从左到右
7	> ≥	大于、大于等于	从左到右
8	≠ !=	不等于	从左到右
9	&	按位与运算	从左到右
10	∧	按位异或运算	从左到右
11			按位或运算	从左到右

　　C54x的指令系统共有129条基本指令,由于操作数的寻址方式不同,由它们可以派生多至205条指令。

　　按指令的功能可分成6大类:数据传送指令、程序控制指令、算术运算指令、并行操作指令、逻辑运算指令和重复操作指令。

5.3.1 数据传送指令

　　数据传送指令是从存储器中将源操作数传送到目的操作数所指定的存储器中,包括装载指令、存储指令、条件存储指令、混合装载和存储指令。

1. 装载指令

即取数或赋值指令,用于将存储器内容或立即数赋给目的寄存器,共计21条。

指令格式:操作码 源操作数 [,移位数], 目的操作数

其中操作码包括 DLD、LD、LDM、LDR、LDU 和 LTD,最常用的是 LD 指令。各指令的格式和功能如表5.3所示。

表5.3 装载指令的格式与功能

指令	指令格式	指令功能	说 明
DLD	DLD Lmem,dst	dst=Lmem	将 Lmem 所指定的单数据存储器中的 32 位数据送入累加器 A 或 B 中
LD	LD Smem,dst	dst=Smem	将 Smem 所指定的单数据存储器中的 16 位数据送入累加器 A 或 B 中
	LD Smem,TS,dst	dst=Smem<<TS	将 Smem 所指定的单数据存储器中的数据,按 TS 所给定的移位数(−16≤TS≤31)移位,然后送入 A 或 B
	LD Smem,16,dst	dst=Smem<<16	将 Smem 所指定的单数据存储器的数据左移 16 位后送入 A 或 B
	LD Smem [,SHIFT],dst	dst=Smem<<SHIFT	将 Smem 所指定的单数据存储器的数据,按 SHIFT 所给定的移位数移位,然后送入 A 或 B
	LD Xmem,SHFT,dst	dst=Xmem<<SHFT	将 Xmem 所指定的双数据存储器的数据,按 SHFT 所给定的移位数移位,然后送入 A 或 B
	LD ♯K,dst	dst=♯K	将短立即数 K 送入累加器 A 或 B
	LD ♯lk [,SHFT],dst	dst=♯lk<<SHFT	将长立即数 lk 移位后,送入累加器 A 或 B
	LD ♯lk,16,dst	dst=♯lk<<16	将长立即数 lk 左移 16 位后,送入累加器 A 或 B
	LD src,ASM [,dst]	dst=src<<ASM	将源累加器 src 中的数据,按 ASM(−16≤SAM≤15)所给定的移位数移位后,送入目的累加器 dst
	LD src [,SHIFT] [,dst]	dst=src<<SHIFT	将源累加器 src 中的数据,按 Shift 所给定的移位数移位后,送入目的累加器 dst
	LD Smem,T	T=Smem	将 Smem 所指定的单数据器的数据送入暂存器 T
	LD Smem,DP	DP=Smem(8−0)	将 Smem 所指定的单数据存储器的低 9 位数据送入数据存储器页指针 DP
	LD ♯k9,DP	DP=♯k9	将 9 位立即数送入 DP
	LD ♯k5,ASM	ASM=♯k5	将 5 位立即数送入累加器移位方式位 ASM
	LD ♯k3,ARP	ARP=♯k3	将 3 位立即数送入 ARP(3 位辅助寄存器指针位)
	LDSmem,ASM	ASM=Smem(4−0)	将 Smem 所指定的单数据存储器的低 5 位数据送入 ASM

续表

指令	指令格式	指令功能	说　　明
LDM	LDM　MMR,dst	dst＝MMR	将 MMR 寄存器中的数据送入累加器 dst
LDR	LDRSmem,dst	dst(31－16)＝rnd(Smem)	将 Smem 所指定的单数据存储器的数据舍入后送入累加器
LDU	LDUSmem,dst	dst＝uns(Smem)	将 Smem 所指定的单数据存储器的无符号数据送入累加器
LTD	LTDSmem	T＝Smem,(Smem＋1)＝Smem	将单数据存储器 Smem 的数据送入寄存器 T,并延时

2. 存储指令

存储指令是将源操作数或立即数存入指定存储器或寄存器,共计 14 条。

指令格式:操作码　源操作数　[,移位数],　目的操作数

其中操作码包括 DST、ST、STH、STL、STLM 和 STM,各指令的格式和功能如表 5.4 所示。

表 5.4　存储指令的格式与功能

指令	指令格式	指令功能	说　　明
DST	DSTsrc, Lmem	Lmem＝src	累加器值存入长字存储单元
ST	STT, Smem	Smem＝T	暂存器值存入存储单元
	STTRN, Smem	Smem＝TRN	状态寄存器值存入存储单元
	ST　♯lk, Smem	Smem＝♯lk	长立即数存入存储单元
STH	STHsrc, Smem	Smem＝src(31－16)	累加器高阶位存入存储单元
	STHsrc,ASM, Smem	Smem＝src(31－16)<<ASM	累加器高阶位移位后存入存储单元
	STHsrc,SHFT, Xmem	Xmem＝src(31－16)<<SHFT	累加器高阶移位后存入存储单元
	STHsrc [,SHIFT], Smem	Smem＝src(31－16)<<SHIFT	累加器高阶位移位后存入存储单元
STL	STLsrc, Smem	Smem＝src(15－0)	累加器低阶位存入存储单元
	STLsrc, ASM, Smem	Smem＝src(15－0)<<ASM	累加器低阶位移位后存入存储单元
	STLsrc, SHFT, Xmem	Xmem＝src(15－0)<<SHFT	累加器低阶位移位后存入存储单元
	STLsrc[,SHIFT], Smem	Smem＝src(15－0)<<SHIFT	累加器低阶位移位后存入存储单元
STLM	STLMsrc, MMR	MMR＝src(15－0)	累加器低阶位存入 MMR
STM	STM ♯lk, MMR	MMR＝♯lk	长立即数存入 MMR

3. 条件存储指令

根据条件将源操作数存入目的存储器,共计 4 条指令。

指令格式:操作码　源操作数　目的操作数

其中操作码包括 CMPS、SACCD、SRCCD、STRCD,各指令的格式和功能如表 5.5 所示。

表 5.5　条件存储指令的格式与功能

指　令	指 令 格 式	说　　明
CMPS	CMPS src,Smem	若 src(31~16) > src(15~0),则 Smem = src(31~16);若 src(31~16)≤src(15~0),则 Smem = src(15~0)。即比较累加器的高、低位,并存储最大值
SACCD	SACCD src,Xmem,cond	若满足 cond 条件,则累加器值按 ASM−16 的差值移位,并存入 Xmem 中
SRCCD	SRCCDXmem,cond	若满足 cond 条件,则将块重复计数器 BRC 的内容存入 Xmem 中
STRCD	STRCDXmem,cond	若满足 cond 条件,则将 T 寄存器中的内容存 Xmem 中

4. 混合装载和存储指令

用于完成数据存储器、程序存储器以及 I/O 口之间的数据传输,共计 12 条指令。

指令格式:操作码　源操作数　［目的操作数］

各指令的格式和功能如表 5.6 所示。

表 5.6　混合装载和存储指令的格式与功能

指　令	指 令 格 式	指 令 功 能	说　　明
MVDD	MVDD Xmem,Ymem	Ymem = Xmem	将数据存储器 Xmem 中的数据传送到数据存储器 Ymem 中
MVDK	MVDK　Smem,dmad	dmad = Smem	将数据存储器 Smem 中的数据传送到以 dmad 为地址的数据存储器中
MVDM	MVDM　dmad,MMR	MMR = dmad	将以 dmad 为地址的数据存储器中的数据传送到 MMR 中
MVDP	MVDP　Smem,pmad	pmad = Smem	将数据存储器 Smem 中的数据传送到以 pmad 为地址的程序存储器中
MVKD	MVKD　dmad,Smem	Smem = dmad	将以 dmad 为地址的数据存储器中的数据传送到数据存储器 Smem 中
MVMD	MVMD　MMR,dmad	dmad = MMR	将 MMR 中的数据传送到以 dmad 为地址的数据存储器中
MVMM	MVMM　MMRx,MMRy	MMRy = MMRx	将映像寄存器 MMRx 中的数据传送到 MMRy 中
MVPD	MVPD　pmad,Smem	Smem = pmad	将以 pmad 为地址的程序存储器中的数据传送到数据存储器 Smem 中

续表

指令	指令格式	指令功能	说　明
PORTR	PORTR　PA,Smem	Smem=PA	将以 PA 为地址的 I/O 口中的数据传送到数据存储器 Smem 中
PORTW	PORTW Smem,PA	PA=Smem	将数据存储器 Smem 中的数据传送到以 PA 为地址的 I/O 口中
READA	READA　Smem	Smem=Pmem(A)	将以累加器 A 为地址的程序存储器中的数据传送到数据存储器 Smem 中
WRITA	WRITA　Smem	Pmem(A)=Smem	将数据存储器 Smem 中的数据传送到以累加器 A 为地址的程序存储器中

5.3.2　算术运算指令

算术运算指令是实现数学计算的重要指令集合。C54x 的算术指令具有运算功能强、指令丰富等特点,包括加法指令(ADD)、减法指令(SUB)、乘法指令(MPY)、乘法-累加/减指令(MAC/MAS)、双字运算指令(DADD)和特殊用途指令。

1. 加法指令

C54x 的加法指令共有 13 条,可完成两个操作数的加法运算、移位后的加法运算、带进位的加法运算和不带符号位扩展的加法运算。

指令格式:操作码　源操作数 [,移位数] 　,目的操作数

操　作　码:ADD、ADDC、ADDM、ADDS

源操作数:Smem、Xmem、Ymem、♯lk、src

移　位　数:TS、16、SHIFT、SHFT、ASM

目的操作数:src、dst、Smem

加法指令功能如表 5.7 所示。

表 5.7　加法指令的格式与功能

指　　令	功　　能	说　　明
ADD Smem, src	src=src+Smem	操作数加至累加器
ADD Smem, TS,src	src=src+Smem<<TS	操作数移位后加至累加器
ADD Smem,16,src[,dst]	dst=src+Smem<<16	操作数左移 16 位加至累加器
ADD Smem,[,SHIFT],src[,dst]	dst=src+Smem<<SHIFT	操作数移位后加至累加器
ADD Xmem,SHFT,src	src=src+Xmem<< SHFT	操作数移位后加至累加器
ADD Xmem,Ymem,dst	dst=Xmem<<16+Ymem<16	两操作数分别左移 16 位后相加送至累加器
ADD♯lk,[,SHFT],src[,dst]	dst=src+♯lk<< SHFT	长立即数移位后加至累加器

续表

指　　令	功　　能	说　　明
ADD＃lk,16,src[,dst]	dst＝src＋＃lk<<16	长立即数左移16位加至累加器
ADDsrc,[,SHIFT][,dst]	dst＝dst＋src<<SHIFT	累加器移位后相加
ADDsrc,ASM[,dst]	dst＝dst＋src<<ASM	累加器按ASM移位后相加
ADDC Smem,src	src＝src＋Smem＋C	操作数带进位加至累加器
ADDM　＃lk,Smem	Smem＝Smem＋＃lk	长立即数加至存储器
ADDS Smem,src	src＝src＋uns(Smem)	操作数符号位不扩展加至累加器

2. 减法指令

C54x的减法指令共有13条,可完成两个操作数的减法运算、移位后的减法运算、带借位的减法运算、条件减法运算和不带符号位扩展的减法运算。

指令格式：操作码　源操作数［,移位数］,目的操作数

操　作　码：SUB、SUBB、SUBC、SUBS

源操作数：Smem、Xmem、Ymem、＃lk、src

移　位　数：TS、16、SHIFT、SHFT、ASM

目的操作数：src、dst

减法指令功能如表5.8所示。

表5.8　减法指令的格式与功能

指　　令	指令功能	说　　明
SUB Smem,src	src＝src－Smem	从累加器中减去操作数
SUB Smem,TS,src	src＝src－Smem<<TS	从累加器中减去移位后的操作数
SUB Smem,16,src[,dst]	dst＝src－Smem<<16	累加器减去左移16位的操作数
SUB Smem,[,SHIFT],src[,dst]	dst＝src－Smem<<SHIFT	操作数移位后与累加器相减
SUB Xmem,SHFT,src	src＝src－Xmem<<SHFT	操作数移位后与累加器相减
SUB Xmem,Ymem,dst	dst＝Xmem<<16－Ymem<<16	两操作数分别左移16位后相减送至累加器
SUB＃lk,[,SHFT],src[,dst]	dst＝src－＃lk<<SHFT	长立即数移位后与累加器相减
SUB＃lk,16,src[,dst]	dst＝src－＃lk<<16	长立即数左移16位与累加器相减
SUB src,[,SHIFT][,dst]	dst＝dst－src<<SHIFT	目标累加器减去移位后的源累加器
SUB src,ASM[,dst]	dst＝ds－src<<ASM	源累加器按ASM移位与目标累加器相减
SUBB Smem,src	src＝src－Smem－C	累加器与操作数带借位减操作

指　　令	指令功能	说　　明
SUBC ♯lk，Smem	If(src－Smem<<15)>0，src＝(src－Smem<<15)<<1＋1 Else src＝src<<1	条件减法操作
SUBS Smem，src	src＝src－uns(Smem)	累加器与符号位不扩展的操作数减操作

3. 乘法指令

C54x的指令系统提供了10条乘法运算指令,其运算结果都是32位的,存放在累加器A和B中,而参与运算的乘数可以是T寄存器、立即数、存储单元和累加器A或B的高16位。

指令格式:操作码　源操作数1[,源操作数2]　,目的操作数

操　作　码:MPY、MPYR、MPYA、MPYU、SQUR

源操作数1:Smem、Xmem、♯lk

源操作数2:Ymem、♯lk

目的操作数:dst

乘法指令功能如表5.9所示。

表5.9　乘法指令的格式与功能

指　　令	指令功能	说　　明
MPY Smem，dst	dst＝T×Smem	T寄存器与操作数相乘
MPY RSmem，dst	dst＝rnd(T×Smem)	T寄存器与操作数带舍入相乘
MPY Xmem，Ymem，dst	dst＝Xmem×Ymem，T＝Xmem	两操作数相乘
MPY Smem，♯lk，dst	dst＝Smem×♯lk，T＝Smem	长立即数与操作数相乘
MPY ♯lk，dst	dst＝T×♯lk	长立即数与T寄存器相乘
MPYA dst	dst＝T×A(32～16)	T寄存器与累加器A高位相乘
MPYA Smem	B＝Smem×A(32～16)，T＝Smem	操作数与累加器A高位相乘
MPYU Smem，dst	dst＝uns(T)×uns(Smem)	无符号数相乘
SQUR Smem，dst	dst＝Smem×Smem，T＝Smem	操作数的平方
SQURA，dst	dst＝A(32～16)×A(32～16)	累加器A高位的平方

4. 乘法-累加和乘法-减法指令

这类指令共计22条,除了完成乘法运算外,还具有加法或减法运算。因此,在一些复杂的算法中,可以大大提高运算速度。

参与运算的乘数可以是T寄存器、立即数、存储单元和累加器A或B的高16位。

乘法运算结束后,再将乘积与目的操作数进行加法或减法运算。

指令格式:操作码　源操作数 1[,源操作数 2],目的操作数

操 作 码:MAC、MACR、MACA、MACAR、MACD、MACP、MACSU、MAS、MASR、MASA、MASAR、SQURA、SQURS

源操作数 1:Smem、Xmem、#lk、T

源操作数 2:Ymem、#lk、pmad

目的操作数:src、dst、B

乘法-累加和乘法-减法指令功能如表 5.10 所示。

表 5.10　乘法-累加和乘法-减法指令的格式与功能

指　　　令	功　　　能	说　　　明
MAC Smem, src	src=src+T×Smem	操作数与 T 相乘加到累加器
MAC Xmem,Ymem,src [,dst]	dst=src+Xmem ×Ymem, T=Xmem	两操作数相乘加到累加器
MAC #lk,src [,dst]	dst=src+T× #lk	长立即数与 T 相乘加到累加器

MAC Smem,#lk,src [,dst]	dst=src+Smem× #lk,
	T=Smem
		长立即数与操作数相乘加到累加器

MACR Smem, src	src=rnd(src+T×Smem)	操作数与 T 相乘加到累加器(带舍入)
MACR Xmem,Ymem,src [,dst]	dst=rnd(src+Xmem ×Ymem), T=Xmem	两操作数相乘加到累加器(带舍入)
MACA Smem[,B]	B=B+Smem×A(32~16), T=Smem	操作数与累加器 A 高位相乘加到累加器 B
MACA　T,src [,dst]	dst=src+T×A(32~16)	T 与 A 的高位相乘加到累加器
MACAR Smem[,B]	B=rnd(B+Smem×A(32~16)), T=Smem	操作数与累加器 A 高位相乘加到累加器 B(带舍入)
MACAR T,src [,dst]	dst=rnd(src+T×A(32~16))	T 与 A 高位相乘加到累加器(带舍入)
MACD Smem,Pmad,src	src=src+Smem×Pmad, T=Smem,(Smem+1)=Smem	操作数与程序存储器内容相乘后加到累加器并延迟
MACP Smem,Pmad,src	src=src+Smem×Pmad, T=Smem	操作数与程序存储器内容相乘后加到累加器
MACSU Xmem,Ymem,src	src=src+uns(Xmem)×Ymem, T=Xmem	无符号操作数与有符号操作数相乘后加到累加器
MAS Smem,src	src=src-T×Smem	累加器减去 T 与操作数的乘积
MAS Xmem,Ymem,src [,dst]	dst=src- Xmem ×Ymem, T=Xmem	累加器减去两操作数的乘积
MASR Xmem,Ymem,src [,dst]	dst=rnd(src-Xmem ×Ymem), T=Xmem	累加器减去两操作数的乘积(带舍入)
MASR Smem,src	src=rnd(src-T×Smem)	累加器减去 T 与操作数的乘积(带舍入)

续表

指　　令	功　　能	说　　明
MASA Smem [,B]	B=B−Smem×A(32~16), T=Smem	累加器 B 减去操作数与累加器 A 高位的乘积
MASA　T,src [,dst]	dst=src−T×A(32~16)	累加器减去 T 与 A 高位的乘积
MASAR　T,src [,dst]	dst=rnd(src−T×A(32~16))	累加器减去 T 与 A 高位的乘积(带舍入)
SQURA Smem,src	src=src+Smem×Smem, T=Smem	操作数的平方与累加器相加
SQURS Smem,src	src=src−Smem×Smem, T=Smem	操作数的平方与累加器相减

5. 双字算术运算指令

双字算术运算指令共计 6 条,完成双 16 位数的加减运算,如表 5.11 所示。

表 5.11　双字算术运算指令的格式与功能

指　　令	指 令 功 能
DADD Lmem,src[,dst]	若 C16=0,则完成双精度加法,dst=Lmem+src; 若 C16=1,则双 16 位数加法,dst(39~16)=Lmem(31~16)+src(31~16), dst(15~0)=Lmem(15~0)+src(15~0)
DADST Lmem, dst	若 C16=0,则完成双精度加法,dst=Lmem+(T<<16+T); 若 C16=1,则双 16 位数加/减法,dst(39~16)=Lmem(31~16)+T
DRSUB　Lmem, src	若 C16=0,则完成双精度减法,src=Lmem−src; 若 C16=1,则完成双 16 位数减法, 　　　　src(39~16)=Lmem(31~16)−src(31~16) 　　　　src(15~0)=Lmem(15~0)~src(15−0)
DSADT　Lmem, dst	若 C16=0,则完成双精度减法,dst=Lmem−(T<<16+T); 若 C16=1,则完成双 16 位数加/减法 　　　　dst(39~16)=Lmem(31~16)−T 　　　　dst(15~0)=Lmem(15~0)+T
DSUB Lmem,src	若 C16=0,则双精度方式,累加器减去 32 位数,src=src−Lmem; 若 C16=1,则双 16 位方式,完成双 16 位数减法 　　　　src(39~16)=src(31~16)− Lmem(31~16) 　　　　src(15~0)=src(15~0)−Lmem(15~0)
DSUBT Lmem, dst	若 C16=0,则双精度操作数减去 T 值,dst=Lmem−(T<<16+T) 若 C16=1,则双 16 位操作数减去 T 值 　　　　dst(39~16)=Lmem(31~16)−T 　　　　dst(15~0)=Lmem(15~0)−T

6. 特殊运算指令

特殊运算指令共 15 条,如表 5.12 所示。

表 5.12 特殊运算指令的格式与功能

指 令	指令功能	说 明
ABDST Xmem,Ymem	$B=B+|A(32-16)|$, $A=(Xmem-Ymem)<<16$	绝对距离
ABS src [,dst]	$dst=|src|$	累加器求绝对值
CMPL src [,dst]	$dst=\overline{src}$	累加器求反
DELAY Smem	$(Smem+1)=Smem$	存储单元延迟
EXP src	$T=$带符号数$(src)-8$	求累加器的指数
FIRS Xmem,Ymem,Pmad	$B=B-A\times Pmad$, $A=(Xmem+Ymem)<<16$	对称 FIR 滤波
LMS Xmem,Ymem	$B=B+Xmem\times Ymem$, $A=(A+Xmem<<16)+2^{15}$	求最小均方值
MAXd st	$dst=max(A,B)$	求 A 和 B 的最大值
MIN dst	$dst=min(A,B)$	求 A 和 B 的最小值
NEG src [,dst]	$dst=-src$	累加器变负
NORM src [,dst]	$dst=src<<TS$, $dst=norm(src,T)$	归一化
POLY Smem	$B=Smem<<16$, $A=rnd(A\times T+B)$	求多项式的值
RND src [,dst]	$dst=src+2^{15}$	累加器舍入运算
SAT src	$Saturate(src)$	累加器饱和运算
SQDST Xmem,Ymem	$B=B+A(32\sim16)\times A(32\sim16)$ $A=(Xmem-Ymem)<<16$	求距离的平方

5.3.3 逻辑运算指令

C54x 的指令系统具有丰富的逻辑运算指令,包括与运算指令(AND)、或运算指令(OR)、异或运算指令(XOR)、移位操作指令(SHIFT)和测试操作指令(TEST)。

1. 与运算指令

指令格式:操作码 源操作数 [,移位数],目的操作数

操 作 码:AND、ANDM

源操作数:Smem、#lk、src

移 位 数:16、SHIFT、SHFT

目的操作数:src、dst、Smem

与逻辑运算指令共有 5 条,如表 5.13 所示。

表 5.13 与逻辑运算指令的格式与功能

指　　令	指令功能	说　　明
AND Smem, src	src＝src & Smem	源操作数与累加器与运算
AND ♯lk[,SHFT],src[,dst]	dst＝src & ♯lk<<SHFT	长立即数移位后与累加器与运算
AND ♯lk,16,src[,dst]	dst＝src & ♯lk<<16	长立即数左移 16 位与累加器与运算
AND src[,SHIFT][,dst]	dst＝dst & src<<SHIFT	源累加器移位后与目标累加器与运算
ANDM　♯lk, Smem	Smem＝Smem & ♯lk	目标操作数与长立即数与运算

2. 或运算指令

指令格式：操作码　源操作数　[,移位数],目的操作数

操作码：OR、ORM

源操作数：Smem、♯lk、src

移位数：16、SHFT

目的操作数：src、dst、Smem

或逻辑运算指令共有 5 条,如表 5.14 所示。

表 5.14　或逻辑运算指令的格式与功能

指　　令	指令功能	说　　明
OR Smem, src	src＝src ｜ Smem	源操作数与累加器或运算
OR ♯lk[,SHFT],src[,dst]	dst＝src ｜ ♯lk<<SHFT	长立即数移位后与累加器或运算
OR ♯lk,16,src[,dst]	dst＝src ｜ ♯lk<<16	长立即数左移 16 位与累加器或运算
OR src[,SHIFT][,dst]	dst＝dst ｜ src<<SHIFT	源累加器移位后与目标累加器或运算
ORM　♯lk, Smem	Smem＝Smem ｜ ♯lk	目标操作数与长立即数或运算

3. 异或运算指令

指令格式：操作码　源操作数　[,移位数],目的操作数

操作码：XOR、XORM

源操作数：Smem、♯lk、src

移位数：16、SHFT

目的操作数：src、dst、Smem

异或逻辑运算指令共有 5 条,如表 5.15 所示。

表 5.15　异或逻辑运算指令的格式与功能

指　　令	指令功能	说　　明
XOR Smem, src	src＝src Λ Smem	源操作数与累加器异或运算
XOR ♯lk[,SHFT],src[,dst]	dst＝src Λ ♯lk<<SHFT	长立即数移位后与累加器异或运算

续表

指　　令	指令功能	说　　明
XOR ♯lk,16,src[,dst]	dst＝src∧♯lk<<16	长立即数左移16位与累加器异或运算
XOR src[,SHIFT][,dst]	dst＝dst∧src<<SHIFT	源累加器移位后与目标累加器异或运算
XORM ♯lk,Smem	Smem＝Smem∧♯lk	目标操作数与长立即数异或运算

4. 移位操作指令

移位操作指令可实现带进位位循环移位、带 TC 位循环左移、算术移位、条件移位和逻辑移位等操作。

指令格式：操作码　源操作数[,移位数]　,[目的操作数]

操　作　码：ROL、ROLTC、ROR、SFTA、SFTC、SFTL

源操作数：src

移　位　数：SHIFT

目的操作数：dst

C54x 共有 6 条移位指令,如表 5.16 所示。

表 5.16 移位操作指令的格式与功能

指　　令	指令功能	说　　明
ROL src	带进位位循环左移	累加器 src 与进位位 C 循环左移一位
ROL TC src	带测试位循环左移	累加器 src 与测试位 TC 循环左移一位
ROR src	带进位位循环右移	累加器 src 与进位位 C 循环右移一位
SFTA src, SHIFT [,dst]	算术移位	根据 SHIFT,src 的内容算术移位。当 SHIFT < 0 时,进行算术右移;当 SHIFT > 0 时,进行算术左移
SFTC src	条件移位	当 src＝0 时,将 1 写入测试位 TC;当 src≠0 时,进行条件移位。若 src 有两个有效符号位则移位,若 src 只有一个符号位则不移位
SFTL src, SHIFT [,dst]	逻辑移位	若 SHIFT < 0,则进行逻辑右移;若 SHIFT＝0,不进行逻辑移位,进位置 0;若 SHIFT > 0,则进行逻辑左移

5. 测试操作指令

C54x 共有 5 条测试操作指令,如表 5.17 所示。

表 5.17 测试操作指令的格式与功能

指　　令	指令功能	说　　明
BIT Xmem,BITC	(Xmem(15－BITC))→TC	将 Xmem 的指定位复制到 TC 位

续表

指　　令	指令功能	说　　明
BITF　Smem,#lk	If((Smem)AND lk)=0 Then 0 →TC Else 1 →TC	测试Smem中由1k指定的某些位。若指定的测试位为0,TC=0,否则TC=1。lk在测试指定位中起屏蔽作用
BITT　Smem	(Smem(15-T(3~0)))→TC	将Smem的指定位复制到TC中。T寄存器的低4位T(3~0)用于确定测试位的位代码,位地址对应于15-T(3~0)
CMPM　Smem,#lk	If (Smem)=lk Then 1 →TC Else　0 →TC	比较Smem中的操作数与常量1k是否相等
CMPR　CC,ARx	If (cond)　　Then 1 →TC Else　　　0 →TC	根据条件代码CC,将指定的ARx与AR0比较。若满足条件,则TC=1,否则TC=0

5.3.4 程序控制指令

C54x的程序控制指令共有31条,可分为6类,包括分支转移指令,子程序调用指令,中断指令,返回指令,堆栈操作指令和其他程序控制指令。

1. 分支转移指令

分支转移指令共有6条,可实现无条件转移、有条件转移和远程转移等,如表5.18所示。

表5.18　分支转移指令的格式与功能

指　　令	指令功能	说　　明	注　　意
B[D]　pmad	pmad →PC	将pmad指定的程序存储器地址赋给PC,实现分支转移	若指令带后缀D,则为延迟方式,紧随该指令的两条单字指令或一条双字指令先被取出执行,然后程序再转移。该指令不能被循环执行
BACC[D] src	src(15~0) →PC	由src低16位所确定的地址赋给PC	若指令带后缀D,则为延迟方式。该指令不能被循环执行
BANZ[D] pmad,Sind	If ((ARx)≠0) Then pmad→PC Else (PC)+2→PC	若当前ARx≠0,则pmad的值赋给PC,否则,PC值加2	带后缀D为延迟方式。指令不能循环执行
BC[D]　pmad, cond [, cond[, cond]]	If (cond(s)) Then　pmad→PC Else (PC)+2→PC	若满足特定条件,则pmad的值赋给PC,否则,PC值加2	带后缀D为延迟方式。指令不能循环执行

续表

指　　令	指令功能	说　　明	注　　意
FB[D] extpmad	(extpmad(15~0))→PC; (extpmad (22 ～ 16))→XPC	将 extpmad 的高 7 位 (22~16)确定的页赋 给 XPC, extpmad 的 低 16 位赋给 PC	带后缀 D 为延迟方式。指令 不能循环执行
FBACC[D] src	(src(15~0))→PC; (src(22~16))→XPC	将 src 的高 7 位(22~ 16) 赋给 XPC, src 的 低 16 位 (15~0) 赋 给 PC	带后缀 D 为延迟方式。指令 不能循环执行

2. 子程序调用指令

子程序调用指令共有 5 条, 可实现子程序的无条件调用、有条件调用和远程调用等, 并具有延时操作, 如表 5.19 所示。

表 5.19　子程序调用指令的格式与功能

指　　令	指令功能	说　　明
CALA[D]　src	若非延时,(SP)-1→SP (PC)+1→TOS (src(15~0))→PC 若延时,(SP)-1→SP (PC)+3→TOS (src(15~0))→PC	首先将返回的地址压入栈 顶保存, 然后将 src 的低 16 位赋给 PC, 实现子程 序调用
CALL[D] pmad	若非延时,(SP)-1→SP (PC)+2→TOS pmad→PC 若延时,(SP)-1→SP (PC)+4→TOS pmad→PC	首先将返回的地址压入栈 顶保存, 然后将 pmad 的 值赋给 PC, 实现子程序 调用
CC[D]　pmad, cond[, cond[, cond]]	若非延时,If (cond(s)) Then (SP)-1→SP (PC)+2→TOS pmad→PC Else (PC)+2→PC 若延时,If (cond(s)) Then (SP)-1→SP (PC)+4→TOS pmad→PC Else (PC)+2→PC	若满足条件, 则将返回地 址压入栈顶, 将 pmad 的 值赋给 PC, 实现子程序 调用
FCALA[D]　src	若非延时,(SP)-1→SP (PC)+1→TOS 　　(SP)-1→SP (XPC)→TOS 　　　　(src(15~0))→PC (src(22~16))→XPC 若延时,(SP)-1→SP (PC)+3→TOS 　　(SP)-1→SP (XPC)→TOS 　　　　(src(15~0))→PC (src(22~16))→XPC	先将返回地址 PC、XPC 压 入栈顶, 然后将 src 的低 16 位值赋给 PC, 高 7 位值 赋给 XPC
FCALL[D] extpmad	若非延时,(SP)-1→SP (PC)+2→TOS (SP)-1→SP (XPC)→TOS (extpmad(15~0))→PC (extpmad(22~16))→XPC 若延时,(SP)-1→SP (PC)+4→TOS (SP)-1→SP (XPC)→TOS (extpmad(15~0))→PC (extpmad(22~16))→XPC	先将返回地址 PC、XPC 压 入栈顶, 然后将 extpmad 的低 16 位赋给 PC, 高 7 位赋给 XPC

3. 中断指令

中断指令共有两条,如表5.20所示。

表 5.20 中断指令的格式与功能

指 令	指令功能	说 明
INTR K	(SP)−1→SP (PC)+1→TOS	首先将 PC 值压入栈顶,然后将 K 所确定的中断向量赋给 PC,执行中断服务子程序。中断标志寄存器 IFR 对应位清 0 且 INTM=1
IRAP K	(SP)−1→SP (PC)+1→TOS	首先将 PC 值压入栈顶,然后将 K 所确定的中断向量赋给 PC,执行中断服务子程序

4. 返回指令

返回指令共有 6 条,可实现无条件返回、有条件返回和远程返回等,并具有延时操作,如表 5.21 所示。

表 5.21 返回指令的格式与功能

指 令	指令功能	说 明
FRET[D]	(TOS)→XPC (SP)+1→SP (TOS)→PC (SP)+1→SP	长返回指令。先将栈顶低 7 位赋给 XPC,再把下一个单元的 16 位值赋给 PC,SP 加 1 修正
FRETE[D]	(TOS)→XPC (SP)+1→SP (TOS)→PC (SP)+1→SP 0→INTM	长中断返回指令。先将栈顶低 7 位赋给 XPC,再将下一个单元的 16 位值赋给 PC,同时中断屏蔽位 INTM 清 0
RC[D] cond[, cond[, cond]]	If (cond(s)) Then (TOS)→PC (SP)+1→SP Else (PC)+1→PC	若满足条件,栈顶数据弹出到 PC,SP 加 1,若不满足条件,执行 PC 加 1
RET[D]	(TOS)→PC (SP)+1→SP	栈顶 16 位数据弹出到 PC,SP 加 1
RETE[D]	(TOS)→PC (SP)+1→SP 0→INTM	栈顶 16 位数据弹出到 PC,SP 加 1,INTM 清 0
RETF[D]	(RTN)→PC (SP)+1→SP 0→INTM	将快速返回寄存器 RTN 中的内容赋给 PC,然后 SP 加 1,INTM 清 0

5. 堆栈操作指令

堆栈操作指令共有 5 条,可对系统堆栈进行管理,实现数据的进栈和出栈,如表 5.22 所示。

表 5.22 堆栈指令的格式与功能

指 令	指令功能	说 明
FRAME K	(SP)+K→SP	将短立即数偏移 K 加到 SP 中

续表

指　　令	指　令　功　能	说　　明
POPD Smem	(TOS)→Smem　　(SP)+1→SP	由 SP 寻址的数据存储器单元中的内容复制到由 Smem 确定的数据存储器单元中,然后 SP 加 1
POPM MMR	(TOS)→MMR　　(SP)+1→SP	由 SP 寻址的数据存储器单元中的内容复制到 MMR 中,然后修改 SP
PSHD Smem	(SP)−1→SP　　Smem→TOS	SP 减 1 操作后,将存储单元 Smem 的内容压入 SP 指向的数据存储单元
PSHM MMR	(SP)−1→SP　　MMR→TOS	SP 减 1 操作后,将 MMR 的内容压入 SP 指向的数据存储单元

6. 其他程序控制指令

其他程序控制指令如表 5.23 所示。

表 5.23　其他程序控制指令的格式与功能

指　　令	指　令　功　能	说　　明
IDLE　K	(PC)+1→PC	强迫程序执行等待操作直到产生非屏蔽中断或复位操作。PC 值加 1,芯片保持空闲状态直至中断产生
MAR Smem		修改由 Smem 所确定的辅助寄存器的内容。当 CMPT=0 时,只修改 ARx 的内容,不修改 ARP。当 CMPT=1 时,若当前 ARx 为 AR0,则修改 ARx(ARP) 的内容,但不修改 ARP 的值;若当前 ARx 不为 AR0,则修改 ARx 的内容,然后再将 x 值赋给 ARP
NOP		该指令除了执行 PC 加 1 外,不执行任何操作
RESET	(IPTR)<<7→PC　0→OVA 0→OVB　1→C　1→TC 0→ARP 　0→DP　1→SXM　0→ASM 0→BRAF 0→HM　1→XF 0→C16 　0→FRCT 0→CMPT 0→CPL 1→INTM 0→IFR 0→OVM	指令实现非屏蔽的 PMST、ST0 和 ST1 复位
RSBX N,SBIT	0→STN(SBIT)	对状态寄存器 ST0 和 ST1 的特定位清 0
SSBX N,SBIT	1→STN(SBIT)	对状态寄存器 ST0 和 ST1 的特定位置 1
XC　n,cond[, cond[, cond]]	If(cond) Then 紧接着的 n 条指令被执行 Else 紧接着执行 n 条 NOP 指令	若 n=1 且满足条件,则执行仅其后的一条单字指令。若 n=2 且满足条件,则执行仅随其后的一条双字指令或两条单字指令。若不满足条件,则执行 n 条 NOP 指令

5.3.5

并行操作指令

并行操作是利用流水线和并行操作的硬件电路,将单指令的数据传送和存储与各种运算同时进行操作,可充分利用C54x的流水线特性,提高代码和时间效率。并行操作指令可分为并行装载和存储指令、并行存储和加/减指令、并行装载和乘法指令、并行存储和乘法指令。

1. 并行装载和存储指令

并行装载和存储指令共两条,如表5.24所示。

表 5.24　并行装载和存储指令的格式与功能

指　　令	指令功能	说　　明
ST src,Ymem || LD Xmem,dst	Ymem=src<<(ASM−16) ||dst=Xmem <<16	累加器移位存储并行移位加载累加器
ST src,Ymem || LD Xmem,T	Ymem=src<<(ASM−16) ||T=Xmem	累加器移位存储并行加载 T 寄存器

2. 并行存储和加/减法指令

并行存储和加/减法指令只有两条,如表5.25所示。

表 5.25　并行存储和加/减法指令的格式与功能

指　　令	指令功能	说　　明
ST src,Ymem || ADD Xmem,dst	Ymem=src<<(ASM−16) ||dst=dst_+Xmem <<16	累加器移位存储并行移位加法运算
ST src,Ymem || SUB Xmem,dst	Ymem=src<<(ASM−16) ||dst=(Xmem <<16)−dst_	累加器移位存储并行移位减法运算

3. 并行装载和乘法指令

并行装载和乘法指令共4条,如表5.26所示。

表 5.26　并行装载和乘法指令的格式与功能

指　　令	指令功能	说　　明
LD　Xmem,dst || MAC Ymem,dst_	dst=Xmem << 16 ||dst_=dst_+T×Ymem	操作数移位加载累加器并行乘法累加运算
LD　Xmem,dst || MACR Ymem, dst_	dst= Xmem <<16 || dst_ = rnd (dst_+T×Ymem)	操作数移位加载累加器并行带舍入乘法累加运算
LD　Xmem,dst || MAS Ymem,dst_	dst=Xmem << 16 ||dst_=dst_−T×Ymem	操作数移位加载累加器并行乘法减法运算
LD　Xmem,dst || MASR Ymem, dst_	dst= Xmem << 16||dst_ = rnd (dst_−T×Ymem)	操作数移位加载累加器并行带舍入乘法减法运算

4. 并行存储和乘法指令

并行存储和乘法指令共 5 条,如表 5.27 所示。

表 5.27 并行存储和乘法指令的格式与功能

指 令	指 令 功 能	说 明
ST src,Ymem ‖ MAC Xmem,dst	Ymem=src <<(ASM-16) ‖dst=dst+T×Xmem	累加器移位存储并行乘法累加运算
ST src,Ymem ‖ MACR Xmem, dst	Ymem=src <<(ASM-16) ‖dst=rnd(dst+T×Xmem)	累加器移位存储并行乘法累加运算
ST src,Ymem ‖ MAS Xmem,dst	Ymem=src <<(ASM-16) ‖dst=dst-T×Xmem	累加器移位存储并行乘法减法运算
ST src,Ymem ‖ MASR Xmem, dst	Ymem=src <<(ASM-16) ‖dst=rnd(dst-T×Xmem)	累加器移位存储并行乘法减法运算
ST src,Ymem ‖ MAY Xmem,dst	Ymem=src <<(ASM-16) ‖dst=T×Xmem	累加器移位存储并行乘法运算

5.3.6 重复操作指令

重复操作指令可以使紧随其后的一条指令或程序块重复执行,分为单指令重复和程序块重复。单指令重复操作是指通过 RPT 或 RPTZ 指令使其下一条指令被重复执行,重复执行的次数由指令操作数给出,其值等于操作数加 1,最大重复次数为 655 36。

重复操作指令共 5 条,如表 5.28 所示。

表 5.28 重复操作指令的格式与功能

指 令	指 令 功 能	说 明
FPT Smem	重复单次,RC=Smem	重复执行下条指令(Smem)+1 次
FPT #K	重复单次,RC=#K	重复执行下条指令#K+1 次
RPT #lk	重复单次,RC=#lk	重复执行下条指令 #lk+1 次
RPTB[D] pmad	块重复,RSA=PC+2[4], REA=pmad-1	重复执行以下程序块 pmad-1 次
RPTZ dst,#lk	重复单次, RC=#lk, dst=0	重复执行下条指令#lk+1 次,累加器清零

程序块重复操作可以使紧随 RPTB 指令之后的程序块重复执行,块起始地址(RSA)是 RPTB 指令的下一行,块结束地址(REA)由 RPTB 指令的操作数给出,块重复执行次数由块重复计数器 BRC 的内容来确定。

单指令重复功能可以用于乘法一累加、块移动等指令,以增加指令的执行速度。在重复指令第一次重复之后,那些多周期指令就会有效地成为单周期指令。

可以通过重复指令由多周期变为单周期的指令共有 11 条,如表 5.29 所示。

表 5.29 由重复指令变为单周期的指令

指 令	指 令 功 能	周 期 数
FIRS	对称 FIR 滤波	3
MACD	带延迟的乘法,并将乘积加到累加器	3
MACP	乘法,并将乘积加到累加器	3
MVDK	在数据存储器之间传送数据	2
MVDM	数据存储器中的数据传送至 MMR	2
MVDP	数据存储器中的数据传送至程序存储器	4
MVKD	在数据存储器之间传送数据	2
MVMD	MMR 中的数据传送至数据存储器	2
MVPD	程序存储器中的数据传送至数据存储器	3
READA	以 A 的内容为地址读程序存储器,并传送至数据存储器	5
WRITA	将数据存储器中的数据传送至以 A 为地址的程序存储器中	5

利用长偏移修正或绝对寻址的指令都不能使用单指令重复,统称为不可重复指令。

不可重复指令共 36 条,其中数据传送指令 5 条、算术运算指令 1 条、逻辑运算指令 4 条、程序控制指令 26 条,如表 5.30 所示。

表 5.30 不可重复执行的指令

指 令	指 令	指 令	指 令
ADDM	CMPR	LD ARP	RND
ANDM	DST	LD DP	RPT
B[D]	FB[D]	MVMM	RPTB[D]
BACC[D]	FBACC[D]	ORM	RPTZ
BANZ[D]	FCALA[D]	RC[D]	RSBX
BC[D]	FCALL[D]	RESET	SSBX
CALA[D]	FRETE[D]	RET[D]	TRAP
CALL[D]	IDEL	RETE[D]	XC
CC[D]	INTR	RETF[D]	XORM

5.4 汇编语言程序设计实例

一个完整的 DSP 程序至少包含三个部分:主程序、中断向量表、链接配置文件。下面以例 5.1 为例,详细介绍各部分的功能。

例 5.1 建立项目工程文件 example1,实现计算 $y = \sum_{i=1}^{5} x_i$ 的值。

（1）主程序 example1.asm 如下：

```
        .title "example1.asm"
        .mmregs
STACK   .usect "STACK",10H      ;堆栈的设置
        .bss x,5                ;为变量 x 分配 5 个字的存储空间
        .bss y,1                ;为变量 y 分配 1 个字的存储空间
        .def start
        .data
table:  .word 1,2,3,4,5         ;给变量 x1,x2,x3,x4,x5 赋值
        .text
start:  STM #0,SWWSR            ;插入 0 个等待状态
        STM #STACK+10H,sp       ;设置堆栈指针
        STM #x,AR1              ;AR1 指向 x
        RPT #4                  ;下一条被重复执行 5 遍
        MVPD table, * AR1+      ;把程序存储器中的数据传送到数据存储器
        LD #0,A                 ;A 清零
        CALL SUM                ;调用求和函数
end:    B end
SUM:    STM #x,AR3              ;AR3 指向 x
        STM #4,AR2              ;AR2=4
loop:   ADD * AR3+,A            ; * AR3+A-->A,然后 AR3+
        BANZ loop, * AR2-       ;如果 AR2 的值不为 0,则跳到 loop 处;
                                ;否则执行下一条指令
        STL A, * (y)            ;把 A 的低 16 位赋给变量 y
        RET
        .end
```

主程序是完成功能的主要部分,通常是以 * . asm 为后缀,该主程序主要包括以下几部分。

① 堆栈的设置

```
STACK   .usect "STACK",10H      ;堆栈的设置
        .bss x,5                ;为变量 x 分配 5 个字的存储空间
        .bss y,1                ;为变量 y 分配 1 个字的存储空间
```

此段主要对堆栈进行设置,首先在数据 RAM 中为堆栈分配 16(10H)个单元的保留空间,命名为 STACK。这 16 个单元中有 5 个给 x,存放 x1～x5 共 5 个变量的数值,1 个单元用于存放变量 y 的数值。具体堆栈设置如下:

```
start:  STM #0,SWWSR            ;插入 0 个等待状态
        STM #STACK+10H,sp       ;设置堆栈指针
```

SP 是 16 位的堆栈指针,堆栈按照先入后出的原则,首先将 STACK 空间的高地址(♯STACK+10H)赋给 SP,作为栈底。每当 SP-1,可以压入一个数据,每次取出一个数据,SP+1。

② 重复操作。

```
        STM #x,AR1              ;AR1 指向 x
        RPT #4                  ;下一条被重复执行 5 遍
        MVPD table,*AR1+        ;把程序存储器中的数据传送到数据存储器
```

重复指令 RPT n 允许将紧随其后的一条指令重复执行 n+1 次。此段程序将辅助寄存器 AR1 指向变量 x,x1~x5 的 5 个数值作为立即数存储在程序存储器中,MVPD 用于程序存储器和数据存储器之间的数据传送,由于要传输 5 个数值,因此 RPT 指令中的数值为 4。

C54x 中共有三个重复指令,包括 RPT、RPTZ 和 RPTB。RPT 和 RPTZ 是重复执行单条指令,只需取指一次,与一些循环指令相比效率要高很多。

③ 循环操作 BANZ

```
loop:   ADD *AR3+,A             ;*AR3+A→A,然后 AR3+
        BANZ loop,*AR2-         ;如果 AR2 的值不为 0,则跳到 loop 处
                                ;否则执行下一条指令
```

BANZ 是循环操作指令,用于循环计数和操作。此程序中 AR2 的初值为 4,每执行一次加法运算 AR2-1,直到其值变为 0,因此,此段程序反复执行 4 次加法,完成 5 个数值的相加。BANZ 在重复执行一段程序时非常有效,但是与重复操作指令 RPT 等相比,运算速度要慢。

(2) 链接配置文件 example1.cmd 如下:

```
vectors.obj                     /*中断向量的目标文件*/
example2.obj                    /*产生目标文件*/
-o example2.out                 /*产生可执行下载文件,文件名可以根据不同项目而定*/
-m example2.map                 /*产生存储器映射文件,文件名可以根据不同项目而定*/
-estart                         /*程序入口*/
MEMORY
{
PAGE 0:                         /*定义程序存储区*/
  EPROM:org=0090H len=0F70H     /*定义 EPROM 区,起始地址 0090H,长度 0F70H*/
  VECS: org=0080H len=0010H     /*定义 VECS 区,起始地址 0080H,长度 0010H*/
PAGE 1:                         /*定义数据存储区*/
  SPRAM:org=1000H len=1000H     /*定义 SPRAM 区,起始地址 1000H,长度 1000H*/
  DARAM:org=2000H len=2000H     /*定义 DARAM 区,起始地址 2000H,长度 2000H*/
}
SECTIONS
{
    .text    :>EPROM PAGE 0     /*将.text 段映射到 PAGE0 的 EPROM 区*/
    .data    :>EPROM PAGE 0     /*将.data 段映射到 PAGE0 的 EPROM 区*/
    .bss     :>SPRAM PAGE 1     /*将.bss 段映射到 PAGE1 的 SPRAM 区*/
    STACK    :>DARAM PAGE 1     /*将 STACK 映射到 PAGE1 的 DARAM 区*/
    .vectors :>VECS PAGE 0      /*将中断向量表定位到 PAGE0 的 VECS 区*/
}
```

链接配置文件有很多功能,其中最常用的也是必需的两条是存储器的分配和标明程序入口。由于每个程序都需要一个链接配置文件,每个程序的链接配置文件根据实际情况的需要都略有不同,以 ∗.cmd 为后缀。

(3)中断向量表文件 vectors.asm 如下:

```
.title    "vectors.asm"              /*中断向量表的文件名*/
.ref      start                      /*引用外部定义的标号*/
.sect     ".vectors"                 /*定义初始化的段名*/
B         start                      /*引用 start*/
.end
```

中断向量表是提供中断服务程序的入口地址表,当有中断发生时,根据中断向量表跳转到相应的中断服务子程序。

该程序执行后,可以通过查看 Memory 空间的方法查看所有变量的值,如下:

```
0x1000   x
0x1000   0x0001 0x0002 0x0003 0x0004 0x0005
0x1005   y
0x1005   0x000F
0x1006   end
```

例 5.2 建立项目工程文件 example2,实现将数据存储器中数组 x[20]中的 20 个数据传送到数组 y[20]中。

由于中断向量表和链接配置文件与例 5.1 类似,因此此后的例题中仅分析主程序。

主程序 example2.asm 如下:

```
        .title " example2.asm"
        .mmregs
STACK   .usect    "STACK",30H
        .bss x,20
        .bss y,20
        .data
table:  .word     1,2,3,4,5,6,7,8,9,10,11,12,13,14,15,16,17,18,19,20
        .def start
        .text
start:  STM       #x,AR1
        RPT       #19
        MVPD      table,*AR1+    ;程序存储器传送到数据存储器
        STM       #x,AR2
        STM       #y,AR3
        RPT       #19
        MVDD      *AR2+,*AR3+    ;数据存储器传送到数据存储器
end: B  end
        .end
```

本程序实现数据块的传送功能,主要利用以下两条指令。

(1) MVPD table, * AR1+

将存储于程序存储器中的 20 个数据(table 所指)传送到 AR1 所指的数据存储器中。在此程序中,有 20 个数据需要传送,所以利用 RPT ♯19 完成重复操作。

(2) MVDD　* AR2+, * AR3+　　;数据存储器传送到数据存储器

将存储于 AR2 所指的数据存储器中的 20 个数据传送到 AR3 所指的数据存储器中。

C54x 中的数据块传送指令有 10 条,详见 5.3.1 节,其特点为传送速度比加载和存储指令快;传输数据不需要通过累加器;可以寻址程序存储器;与 RPT 指令相结合可以实现数据块传送,此时这些指令都变成单周期指令。

上述程序运行后,Memory 空间的结果如下:

```
0x1000    x
0x1000    0x0001  0x0002  0x0003  0x0004  0x0005  0x0006
0x1006    0x0007  0x0008  0x0009  0x000A  0x000B  0x000C
0x100C    0x000D  0x000E  0x000F  0x0010  0x0011  0x0012
0x1012    0x0013  0x0014
0x1014    y
0x1014    0x0001  0x0002  0x0003  0x0004  0x0005  0x0006
0x101A    0x0007  0x0008  0x0009  0x000A  0x000B  0x000C
0x1020    0x000D  0x000E  0x000F  0x0010  0x0011  0x0012
0x1026    0x0013  0x0014
```

例 5.3　建立项目工程文件 example3,实现运算 $y = a \times x1 + b \times x2$。
主程序 example3.asm 如下:

```
            .title      "example3.asm"
            .mmregs
STACK       .usect      "STACK",10H     ;堆栈的设置
            .bss        x1,1            ;为变量 x1 分配 1 个字的存储空间
            .bss        x2,1            ;为变量 x2 分配 1 个字的存储空间
            .bss        a,1             ;为变量 a 分配 1 个字的存储空间
            .bss        b,1             ;为变量 b 分配 1 个字的存储空间
            .bss        y,1             ;为变量 y 分配 1 个字的存储空间
            .def        start
            .data
table       .word+      2,4,3,5         ;x1,x2,a,b
            .text
start:      STM         #0,SWWSR        ;插入 0 个等待状态
            STM         #STACK+10H,SP   ;设置堆栈指针
            STM         #x1,AR1         ;AR1 指向 x1
            RPT         #3              ;将下一条指令重复执行 4 次
            MVPD        table, * AR1+   ;把程序存储器中的数据移动到数据存储器
            CALL        SUMB
end:        B           end
SUMB:       LD          * (x1),T
```

```
MPY             * (a),A
LD              * (x2),T
MAC             * (b),A
STL             A,* (y)
RET
.end
```

注意：在利用乘法指令（MPY）和乘法累加指令（MAC）做乘法运算时，其中一个乘数是放在暂存器 T 中的。

上述程序运行后，Memory 空间的结果如下：

```
0x1000    x1
0x1000    0x0002
0x1001    x2
0x1001    0x0004
0x1002    a
0x1002    0x0003
0x1003    b
0x1003    0x0005
0x1004    y
0x1004    0x001A
```

5.5　TMS320C54x 应用程序开发实例

TMS320C54x 在通信系统、信号处理、控制等多个领域应用广泛，本节主要介绍其在信号处理和通信系统中的典型应用。

5.5.1　数字滤波器的 DSP 实现

数字滤波器是数字信号处理的重要基础。在对信号的过滤、检测与参数的估计等处理中，数字滤波器是使用最广泛的线性系统。

数字滤波器是指输入、输出均为数字信号，通过一定的运算关系完成滤波功能的器件。它将输入的数字序列通过特定运算转变为输出的数字序列。因此，数字滤波器本质上是一台完成特定运算的数字计算机。与模拟滤波器相比较，它具有精度高、稳定、体积小、灵活等优点，随着计算机、超大规模集成电路技术的发展，数字滤波器的应用更加广泛。

按频率特性，数字滤波器有低通、高通、带通和带阻等之分，滤波器的性能指标通常也习惯在频域给出，图 5.3 为各种数字滤波器的幅频特性曲线。

从实现的网络结构或者从单位脉冲响应分类，数字滤波器可以分为无限长脉冲响应（IIR）滤波器和有限长脉冲响应（FIR）滤波器，IIR 与 FIR 数字滤波器的比较如下。

（1）在相同技术指标下，IIR 滤波器由于存在着输出对输入的反馈，因而可用比 FIR 滤波器较少的阶数来满足指标的要求。

（2）FIR 滤波器可得到严格的线性相位，而 IIR 滤波器选择性愈好，相位的非线性愈

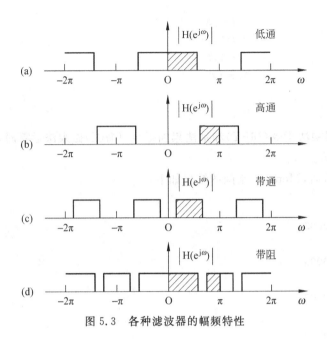

图 5.3　各种滤波器的幅频特性

严重。

（3）FIR 滤波器主要采用非递归结构，因而从理论上以及从实际的有限精度的运算中都是稳定的。IIR 滤波器必须采用递归结构，极点必须在 z 平面单位圆内才能稳定，这种结构，运算中的四舍五入处理，有时会引起寄生振荡。

无限长脉冲响应（IIR）滤波器的系统函数为：

$$H(z) = \frac{\sum_{r=0}^{M} b_r z^{-r}}{1 + \sum_{k=1}^{N} a_k z^{-k}} \tag{5.1}$$

对应的差分方称为：

$$y(n) = \sum_{r=0}^{M} b_r x(n-r) + \sum_{k=1}^{N} a_k y(n-k) \tag{5.2}$$

有限长脉冲响应（FIR）滤波器的系统函数为：

$$H(z) = \sum_{n=0}^{N-1} h(n) z^{-n} \tag{5.3}$$

对应的差分方称为：

$$y(n) = \sum_{i=0}^{N-1} h_i x(n-i) \tag{5.4}$$

两种滤波器的系统函数形式不同，但是设计的时候都包括三个基本问题：

（1）根据实际要求确定滤波器的性能指标；

（2）用一个因果稳定的系统函数去逼近这个指标；

（3）用一个有限精度的运算去实现这个传输函数。

在 DSP 中设计数字滤波器则更方便，只需要分别存储分子分母系数，并通过乘法累加的指令实现，具体参见例 5.4。

例 5.4　用双操作数指令实现二阶 IIR 滤波器的设计。

（1）主程序 IIR.asm 如下：

```
    .title      "IIR.asm"
    .mmregs
    .def        start
x2      .usect          "x",1
x1      .usect          "x",1
x0      .usect          "x",1
COEF    .usect          "COEF",5
indata  .usect          "buffer",1
outdata .usect          "buffer",1
        .data
table   .word   0           ;x(n-1)
        .word   0           ;x(n-2)
        .word   676 * 32768/10000       ;B2=0.1
        .word   1352 * 32768/10000      ;B1=0.2
        .word   676 * 32768/10000       ;B0=0.3
        .word   -4142 * 32768/10000     ;A2=0.5
        .word   707 * 32768/10000       ;A1=-0.4
        .text
start:  SSBX    FRCT
        STM     #x2,AR1
        RPT     #1
        MVPD    #table, * AR1+
        STM     #indata,AR5
        STM     #outdata,AR2
        STM     #COEF,AR1
        RPT     #4
        MVPD    #table+2, * AR1+
        STM     #x2,AR3
        STM     #COEF+4,AR4         ;AR4→A1
        MVMM    AR4,AR1            ;保存地址值在 AR1 中
        STM     #3,BK             ;设置循环缓冲区长度
        STM     #-1,AR0           ;设置变址寻址步长
IIR2:   MVDD    * AR5, * AR3
        LD      * AR3+0%,16,A      ;计算反馈通道,A=x(n)
        MAC     * AR3, * AR4,A     ;A=x(n)+A1 * x1
        MAC     * AR3+0%, * AR4-,A ;A=x(n)+A1 * x1+A1 * x1
        MAC     * AR3+0%, * AR4-,A ;A=x(n)+2 * A1 * x1+A2 * x2
        STH     A, * AR3          ;保存 x0
        MPY     * AR3+0%, * AR4-,A ;计算前向通道,A=B0 * x0
        MAC     * AR3+0%, * AR4-,A ;A=B0 * x0+B1 * x1
        MAC     * AR3, * AR4-,A    ;B=B0 * x0+B1 * x1+B2 * x2=y(n)
        STH     A, * AR3          ;保存 y(n)
```

```
        MVMM      AR1,AR4                    ;AR4 重新指向 A1
        BD IIR2                             ;循环
        MVDD      * AR3, * AR2
        nop
        .end
```

本程序中,二阶 IIR 滤波器的差分方称为:

$$y(n) = \sum_{r=0}^{2} b_r x(n-r) + \sum_{k=1}^{2} a_k y(n-k) \tag{5.5}$$

反馈通道的差分方程为:

$$x_0 = w(n) = x(n) + A_1 \times x_1 + A_2 \times x_2 \tag{5.6}$$

对应上述方程右端第二项;

前向通道对应的差分方程为:

$$y(n) = B0 \times x0 + B1 \times x1 + B2 \times x2 \tag{5.7}$$

对应方程右端第一项。

(2) 链接配置文件如下:

```
vectors.obj
IIR.obj
-o IIR.out
-m IIR.map
-estart
MEMORY
{
PAGE 0:
        EPROM:    org=0090H,len=0F70H
        VECS:     org=0080H,len=0010H
PAGE 1:
        SPRAM:    org=1000H,len=1000H
        DARAM:    org=2000H,len=2000H
}
SECTIONS
{
    .text       :>EPROM      PAGE 0
    .data       >EPROM       PAGE 0
    .bss        :>SPRAM      PAGE 1
    x:          align(4){}   >DARAM      PAGE 1
    COEF:       align(8){}   >DARAM      PAGE 1
    buffer      :>DARAM      PAGE 1
    .vectors    :>VECS       PAGE 0
}
```

程序运行之后的结果如图 5.4 所示,上方的图表示滤波之前的波形,下方的图表示经过 IIR 滤波器之后的波形,经过滤波处理,将边缘处的高频分量滤除,得到矩形脉冲。

在数字信号处理应用中往往需要设计线性相位的滤波器,FIR 滤波器在保证幅度特性

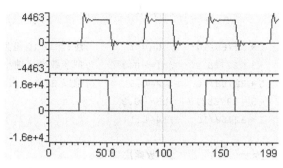

图 5.4　IIR 滤波器处理前后的波形图

满足技术要求的同时,很容易做到严格的线性相位特性。为了使滤波器满足线性相位条件,要求其单位脉冲响应 h(n)为实序列,且满足偶对称或奇对称条件,即 h(n)＝h(N−1−n)或 h(n)＝−h(N−1−n)。这样,当 N 为偶数时,偶对称线性相位 FIR 滤波器的差分方程表达式为:

$$y(n) = \sum_{i=0}^{N/2-1} h(i)(x(-i) + x(N-1-n-i))$$

由此可见,FIR 滤波器不断地对输入样本 x(n)延时后,再做乘法累加算法,将滤波器结果 y(n)输出,因此,FIR 实际上是一种乘法累加运算。而对于线性相位 FIR 而言,利用线性相位 FIR 滤波器系数的对称特性,可以采用结构精简的 FIR 结构将乘法器数目减少一半。

例 5.5　编写程序实现 FIR 滤波器的设计。

(1) 主程序 FIR.asm 如下:

```
.title    "fir.asm"
.mmregs                       ;定义寄存器名称及对应地址
.def      start               ;定义程序入口
                              ;分配数据存储区
L         .set 10
.ref      SinTable
.bss      y,1                 ;y
XN        .usect   "XN",1     ;x(n)
XNM1      .usect   "XN",1     ;x(n-1)
XNM2      .usect   "XN",1     ;x(n-2)
XNM3      .usect   "XN",1     ;x(n-3)
XNM4      .usect   "XN",1     ;x(n-4)
H0        .usect   "H0",1     ;h0
H1        .usect   "H0",1     ;h1
H2        .usect   "H0",1     ;h2
H3        .usect   "H0",1     ;h3
H4        .usect   "H0",1     ;h4

beforefir .usect   "beforefir",L
afterfir  .usect   "afterfir",L
```

```
                              ;参数表
          .data
table:    .word    1 * 32768/10    ;h0=0.1      ;注:除以 10 是为了
          .word   -3 * 32768/10    ;h1=-0.3     ;把参数变成纯小数
          .word    5 * 32768/10    ;h2=0.5      ;乘以 32 768 表示把小数点移到最高位后
          .word   -3 * 32768/10    ;h3=-0.3
          .word    1 * 32768/10    ;h4=0.1
          .text
start:    SSBX    FRCT             ;小数乘法
                                   ;把参数表复制到数据存储区的 H0~H4
STM       #H0,AR1                  ;H0 指针赋给 AR1
RPT       #4                       ;下一条指令重复 5 次
MVPD      #table, * AR1+           ;逐项复制参数表,相当于执行下列操作
                                   ;PAR=Table, * AR= * PAR,AR=AR+1,PAR=PAR+1
STM       #XN+1,AR1                ;把 x(1)~x(n-4)赋初值 0
RPT       #3
ST        #0, * AR1+
STM       #XN+4,AR3               ;AR3=#XNM4
STM       #H0+4,AR4               ;AR4=#H4
STM       #y,AR1
LD        #beforefir,DP
STM       #beforefir,AR1
RPT       #(L-1)
MVPD      #SinTable, * AR1+
LD        #XN,DP                  ;使数据页指向 XN
STM       #beforefir,AR5
STM       #afterfir,AR6
MVDK      * AR5+,@XN
FIR1:     LD      @XNM4,T         ;x(n-4)→T
          MPY     @H4,A           ;h4 * x(n-4)→A
          LTD     @XNM3           ;x(n-3)→T
                                  ;x(n-3)→x(n-4)
          MAC     @H3,A           ;A+h3 * x(n-3)→A
          LTD     @XNM2           ;x(n-2)→T
                                  ;x(n-2)→x(n-3)
          MAC     @H2,A           ;A+h2 * x(n-2)→A
          LTD     @XNM1           ;x(n-1)→T
                                  ;x(n-1)→x(n-2)
          MAC     @H1,A           ;A+h1 * x(n-1)→A
          LTD     @XN             ;x(n)→T
                                  ;x(n)→x(n-1)
          MAC     @H0,A           ;A+h0 * x(n)→A
          STH     A,@y            ;保存 y(n)
          MVKD    @y, * AR6+
          BD      FIR1
```

```
        MVDK      * AR5+,@XN
        .end
```

此程序中,滤波器的阶数 N＝5,差分方称为

$$y(n) = h0 \times x(n) + h1 \times x(n-1) + h2 \times x(n-2)$$
$$+ h3 \times x(n-3) + h4 \times x(n-4) \tag{5.8}$$

(2)链接配置文件如下:

```
vectors.obj
fir1.obj
-o fir1.out
-m fir1.map
-e start
MEMORY
{
PAGE 0:
    EPROM:     org=0090H,len=0F70H
    VECS:      org=0080H,len=0010H
PAGE 1:
    DARAM:     org=2000H,len=2000H
}
SECTIONS
{
    .text      :>EPROM   PAGE 0
    .data      :>EPROM   PAGE 0
    .bss       :>DARAM   PAGE 1
    XN         :>DARAM   PAGE 1
    H0         :>DARAM       PAGE 1
    beforefir  :>DARAM       PAGE 1
    afterfir   :>DARAM       PAGE 1
    .vectors   :>VECS    PAGE 0
}
```

程序运行之后的结果如图 5.5 所示,得到了 FIR 滤波器的单位脉冲响应。

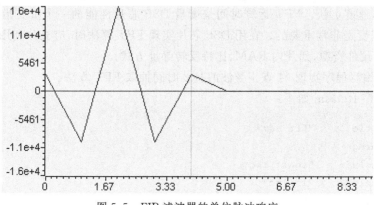

图 5.5　FIR 滤波器的单位脉冲响应

5.5.2
快速傅里叶变换的实现

傅里叶变换在一百多年前就已发现,在某些方面频域分析常常比时域分析更优越,不仅简单,且易于分析复杂信号。离散傅里叶变换(DFT)是将时域的采样变换成频域的周期性离散函数。在信号处理中,DFT的计算具有举足轻重的地位,信号的相关、滤波、谱估计等都要通过DFT来实现。

有限列长为N的序列x(n)的DFT变换为:

$$X(k) = \sum_{n=0}^{N-1} x(n) W_n^{nk} \qquad k = 0, 1, 2, \cdots, N-1 \tag{5.9}$$

其逆变换为:

$$x(n) = \frac{1}{N} \sum_{k=0}^{N-1} X(k) W_N^{-nk} \quad n = 0, 1, \cdots, N-1 \tag{5.10}$$

然而,当N很大的时候,求一个N点的DFT要完成$N \times N$次复数乘法和$N(N-1)$次复数加法,其计算量相当大。因此用DFT进行谱分析,在FFT出现前是不切实际的。

1965年J. W. Cooley和J. W. Tukey巧妙地利用W_N^k旋转因子的周期性和对称性来减少运算量,构造了一个DFT快速算法,即快速傅里叶变换(FFT)。FFT并不是与DFT不同的另外一种变换,而是为了减少DFT计算次数的一种快速有效的算法。

FFT算法将长序列的DFT分解为短序列的DFT。N点的DFT先分解为两个N/2点的DFT,每个N/2点的DFT又分解为两个N/4点的DFT等,最小变换的点数即基数,基数为2的FFT算法的最小变换是2点DFT。DFT的N^2次运算量减少为$(N/2)\log_2 N$次,极大地提高了运算的速度。

一般而言,FFT算法分为时间抽选(DIT)FFT和频率抽选(DIF)FFT两大类。时间抽取FFT算法的特点是每一级处理都是在时域里把输入序列依次按奇/偶一分为二,分解成较短的序列;频率抽取FFT算法的特点是在频域里把序列依次按奇/偶一分为二,分解成较短的序列来计算。DIT和DIF两种FFT算法的区别是旋转因子W_N^k出现的位置不同,(DIT)FFT中旋转因子在输入端,(DIF)FFT中旋转因子在输出端,除此之外,两种算法是一样的。

DSP芯片的出现使FFT的实现方法变得更为方便。由于多数DSP芯片都能在一个指令周期内完成一次乘法和一次加法运算,而且提供专门的FFT指令,使得FFT算法在DSP芯片上实现的速度更快。FFT运算时间是衡量DSP芯片性能的一个重要指标,因此提高FFT的运算速度是非常重要的。在用DSP芯片实现FFT算法时,应充分利用DSP芯片所提供的各种软硬件资源,如片内RAM、比特反转寻址方式。

例5.6 编写程序实现64点正弦波的基2时间抽取FFT算法。

(1) 主程序fft.asm如下:

```
    .title      "fft.asm"
    .mmregs
    .include    "coeff.inc"
    .include    "in.inc"
    .def        start
```

```
sine:                .usect      "sine",512
cosine:              .usect      "cosine",512
fft_data:            .usect      "fft_data",1024
* d_input:           .usect      "d_input",1024           ;输入数据的起始地址
fft_out:             .usect      "fft_out",512            ;输出数据的起始地址
STACK                .usect      "STACK",10
K_DATA_IDX_1         .set 2
K_DATA_IDX_2         .set 4
K_DATA_IDX_3         .set 8
K_TWID_TBL_SIZE      .set 512
K_TWID_IDX_3         .set 128
K_FLY_COUNT_3        .set 4
K_FFT_SIZE           .set 64                              ;N=64,复数点数
K_LOGN               .set 6                               ;LOGN(N)=LOG(64)=6,蝶形级数
PA0                  .set 0
* PA1                .set 1
                     .bss        d_twid_idx,1
                     .bss        d_data_idx,1
                     .bss        d_grps_cnt,1
                     .sect       "fft_prg"
******************位码倒置程序*********************
                     .asg        AR2,REORDERED            ;以位翻转顺序指向已处理的数据
                     .asg        AR3,ORIGINAL_INPUT        ;指向原始数据
                     .asg        AR7,DATA_PROC_BUF         ;数据的起始地址
start:               SSBX        FRCT                     ;允许小数乘
                     STM         #STACK+10,SP
                     STM         #d_input,AR1             ;从 PA1 口输入 2N 个数据
                     RPT         #2 * K_FFT_SIZE-1
                     PORTR       PA1, * AR1+
                     STM         #sine,AR1        ;将正弦系数从程序存储器传送到数据存储器
                     RPT         #511
                     MVPD        #sine1, * AR1+
                     STM         #cosine,AR1      ;将余弦系数从程序存储器传送到数据存储器
                     RPT         #511
                     MVPD        cosine1, * AR1+
                     STM         #d_input,ORIGINAL_INPUT ;AR3 指向第一个输入数据
                     STM         #fft_data,DATA_PROC_BUF ;AR7 中存储数据的起始地址
                     MVMM        DATA_PROC_BUF,REORDERED ;AR2 指向第一个被处理的数据
                     STM         #K_FFT_SIZE-1,BRC       ;块重复 N=64 次
                     RPTBD       bit_rev_end-1           ;重复结束位置
                     STM         #K_FFT_SIZE,AR0         ;AR0 赋值为循环缓冲器大小的一半
                     MVDD        * ORIGINAL_INPUT+, * REORDERED+
                     MVDD        * ORIGINAL_INPUT-, * REORDERED+
                     MAR         * ORIGINAL_INPUT+0B     ;位翻转寻址
bit_rev_end:
```

```
***********************FFT CODE********************************
                .asg      AR1,GROUP_COUNTER      ;组计数器
                .asg      AR2,PX                 ;第一级和第二级蝶形运算中
                                                 ;指向第一个蝶形的输入数据 PR 和 PI
                .asg      AR3,QX                 ;第一级和第二级蝶形运算中
                                                 ;指向第二个蝶形的输入数据 QR 和 QI
                .asg      AR4,WR                 ;剩余级蝶形运算中指向(COSINE 表)
                .asg      AR5,WI                 ;剩余级蝶形运算中指向(SINE 表)
                .asg      AR6,BUTTERFLY_COUNTER   ;蝶形运算次数计数器
                .asg      AR7,STAGE_COUNTER       ;蝶形级数计数器
********************第一级蝶形运算 stage1***********************
                STM       #0,BK                  ;循环缓冲器大小 BK=0
                LD        #-1,ASM                ;每一级的输出都除以 2
                STM       #fft_data,PX           ;AR2 指向第一个蝶形运算输入实部 PX
                STM       #fft_data+K_DATA_IDX_1,QX
                                                 ; AR3 指向第二个蝶形运算输入实部 QX
                STM       K_FFT_SIZE/2-1,BRC
                LD        *PX,16,A               ;A:=PX
                RPTBD     stage1end-1            ;块重复
                STM       #K_DATA_IDX_1+1,AR0
                SUB       *QX,16,A,B             ;B:=PX-QX
                ADD       *QX,16,A               ;A:=PX+QX
                STH       A,ASM,*PX+             ;PX':=(PX+QX)/2
                ST        B,*QX+                 ;QX':=(PX-QX)/2
                ||LD      *PX,A                  ;A:=WR
                SUB       *QX,16,A,B             ;B:=WR-WI
                ADD       *QX,16,A               ;A:=WR+WI
                STH       A,ASM,*PX+0%           ;WR':=(WR+WI)/2
                ST        B,*QX+0%               ;WI':=(WR-WI)/2
                ||LD      *PX,A                  ;A:=WR
stage1end:
********************第二级蝶形运算 stage2***************************
                STM       #fft_data,PX           ;PX->PR
                STM       #fft_data+K_DATA_IDX_2,QX   ;QX->QR
                STM       #K_FFT_SIZE/4-1,BRC
                LD        *PX,16,A               ;A :=PR
                RPTBD     stage2end-1
                STM       #K_DATA_IDX_2+1,AR0
;第一个蝶形运算
                SUB       *QX,16,A,B             ;B :=PR-QR
                ADD       *QX,16,A               ;A :=PR+QR
                STH       A,ASM,*PX+             ;PR':=(PR+QR)/2
                ST        B,*QX+                 ;QR':=(PR-QR)/2
                ||LD      *PX,A                  ;A :=PI
                SUB       *QX,16,A,B             ;B :=PI-QI
```

```
            ADD         * QX,16,A                    ;A :=PI+QI
            STH         A,ASM, * PX+                 ;PI':= (PI+QI)/2
            STH         B,ASM, * QX+                 ;QI':= (PI-QI)/2
;第二个蝶形运算

            MAR         * QX+
            ADD         * PX, * QX,A                 ;A :=PR+QI
            SUB         * PX, * QX-,B                ;B :=PR-QI
            STH         A,ASM, * PX+                 ;PR':= (PR+QI)/2
            SUB         * PX, * QX,A                 ;A :=PI-QR
            ST          B, * QX                      ;QR':= (PR-QI)/2
            ||LD        * QX+,B                      ;B :=QR
            ST          A, * PX                      ;PI':= (PI-QR)/2
            ||ADD       * PX+0%,A                    ;A :=PI+QR
            ST          A, * QX+0%                   ;QI':= (PI+QR)/2
            ||LD        * PX,A                       ;A :=PR
stage2end:
********************第三级至最后一级蝶形运算*********************
            STM         #K_TWID_TBL_SIZE,BK   ;缓冲器大小 BK=twiddle table size
            ST          #K_TWID_IDX_3,d_twid_idx     ;初始化旋转因子
            STM         #K_TWID_IDX_3,AR0            ;第三级旋转因子表
            STM         #cosine,WR                   ;初始化 WR
            STM         #sine,WI                     ;初始化 WI
            STM         #K_LOGN-2-1,STAGE_COUNTER    ;初始化级计数器
            ST          #K_FFT_SIZE/8-1,d_grps_cnt   ;初始化组计数器
            STM         #K_FLY_COUNT_3-1,BUTTERFLY_COUNTER   ;初始化蝶形运算计
                                                     ;数器
            ST          #K_DATA_IDX_3,d_data_idx     ;初始化输入数据索引
stage:
            STM         #fft_data,PX                 ;PX->PR
            LD          d_data_idx,A
            ADD         * (PX),A
            STLM        A,QX                         ;QX->QR
            MVDK        d_grps_cnt,GROUP_COUNTER     ;AR1=组计数器
group:
            MVMD        BUTTERFLY_COUNTER,BRC        ;每一组的蝶形运算数
            RPTBD       butterflyend-1
            LD          * WR,T
            MPY         * QX+,A                      ;A :=QR * WR || QX?QI
            MAC         * WI+0%, * QX-,A  ;A :=QR * WR+QI * WI
            LD          A,15,A
            ADD         * PX,16,A,B                  ;B:= (QR * WR+QI * WI)+PR
            ST          B, * PX                      ;PR':= ((QR * WR+QI * WI)+PR)/2
            ||SUB       * PX+,B                      ;B :=PR- (QR * WR+QI * WI)
            ST          B, * QX                      ;QR':= (PR- (QR * WR+QI * WI))/2
            ||MPY       * QX+,A                      ;A :=QR * WI [T=WI]
```

```
            MAS         * QX, * WR+0%,A      ;A :=QR * WI-QI * WR
            LD          A,15,A
            ADD         * PX,16,A,B          ;B :=(QR * WI-QI * WR)+PI
            ST          B, * QX+             ;QI':=((QR * WI-QI * WR)+PI)/2
            ||SUB       * PX,B               ;B :=PI-(QR * WI-QI * WR)
            LD          * WR,T               ;T :=WR
            ST          B, * PX+             ;PI':=(PI-(QR * WI-QI * WR))/2
            ||MPY       * QX+,A              ;A :=QR * WR || QX?QI
butterflyend:
;为下组更新指针
            PSHM        AR0                  ;保留 AR0
            MVDK        d_data_idx,AR0
            MAR         * PX+0               ;为下一组增加 PX 指针
            MAR         * QX+0               ;为下一组增加 QX 指针
            BANZD       group, * GROUP_COUNTER-
            POPM        AR0                  ;恢复 AR0
            MAR         * QX-
;为下一级更新计数器和索引值
            LD          d_data_idx,A
            SUB         #1,A,B               ;B=A-1
            STLM        B,BUTTERFLY_COUNTER      ;BUTTERFLY_COUNTER=#flies-1
            STL         A,1,d_data_idx       ;更新数据索引值
            LD          d_grps_cnt,A
            STL         A,ASM,d_grps_cnt     ;更新组偏移量
            LD          d_twid_idx,A
            STL         A,ASM,d_twid_idx     ;更新旋转因子索引值
            BANZD       stage, * STAGE_COUNTER-
            MVDK        d_twid_idx,AR0       ;AR0=旋转因子索引值
fft_end:
**********计算功率谱******************
    STM     #fft_data,AR2
    STM     #fft_data,AR3
    STM     #fft_out,AR4
    STM     #K_FFT_SIZE * 2-1,BRC
    RPTB    power_end-1
    SQUR    * AR2+,A
    SQURA   * AR2+,A
    STH A, * AR4+
power_end:
    STM     #fft_out,AR4
    RPT     #K_FFT_SIZE-1
    PORTW   * AR4+,PA0
here: B   here
    .end
```

（2）链接配置文件 fft.cmd 如下：

```
vectors.obj
fft.obj
-o fft.out
-m fft.map
-estart
MEMORY{
    PAGE 0:
            PARAM: org=100h    len=1000h
            VECS: org=0FF80H    len=0080H
    PAGE 1:
            SPRAM: org=2060h    len=0020h
            DARAM: org=2200h    len=0600h
            RAM: org=2800h    len=0c00h
}
SECTIONS
{
    sine1       :>PARAM              PAGE 0
    cosine1     :>PARAM              PAGE 0
    fft_prg     :>PARAM              PAGE 0
    .bss        :>SPRAM              PAGE 1
    sine:       align(512){}>DARAM   PAGE 1
    cosine:     align(512){}>DARAM   PAGE 1
    d_input     :>RAM                PAGE 1
    fft_data    :>RAM                PAGE 1
    fft_out     :>RAM                PAGE 1
    STACK       :>SPRAM              PAGE 1
    .vectors    :>VECS               PAGE 0
}
```

有关 FFT 程序说明如下：

（1）fft.asm 程序由以下部分组成：位码倒置程序、第一级蝶形运算、第二级蝶形运算、第三级至第 N 级蝶形运算和求功率谱及输出程序。

（2）程序空间的分配如图 5.6 所示。

sine1	0100 02FF	正弦系数表
cosine1	0300 03FF	余弦系数表
Fft_prg	0500 1000	程序代码
.vectors	FF80 FFFF	复位向量和中断向量表

图 5.6 程序空间分配图

（3）数据空间的分配如图 5.7 所示。

	0000 007F	存储映射寄 存器
.bss	2060 2061 2062	暂存单元
stack	2063 21FF	堆栈
sine	2200 23FF	正弦系数表
cosine	2400 25FF	余弦系数表
d_input	2800 287F	输入数据
fft_data	2880 2C7F	FFT结果 （实部、虚部）
fft_out	2C80 307F	FFT结果 （功率谱）

图 5.7　数据空间分配图

（4）修改 FFT 的点数 N：根据 N 值，修改 fft.asm 中的两个常数，若 N＝128：

```
K_FFT_SIZE        .set     128
K_LOGN            .set     7
```

（5）FFT 模拟输入数据文件可以由 MATLAB 编程生成，也可以由 CCS 编程生成。程序执行后，得到输入数据波形和 FFT 输出结果，如图 5.8 和 5.9 所示。

5.5.3　QPSK 的调制与解调

1. QPSK 调制

多进制数字相位调制又称多相制，它是利用载波（或相位差）来表征数字信息的调制方式。在实际运用中使用最广泛的是四相制和八相制，这里主要说明四相制的原理。

由于 4 种不同的相位可以代表 4 种不同的数字信息，因此，对于输入的二进制数字序列应该先进行分组，将每两个比特编为一组；然后用 4 种不同的载波相位来表征它们。例如，若输入二进制数字信息序列为 1110110111100…，则可将它们分成 11,10,11,01,11,00，然后用 4 种不同相位来分别代表它们。

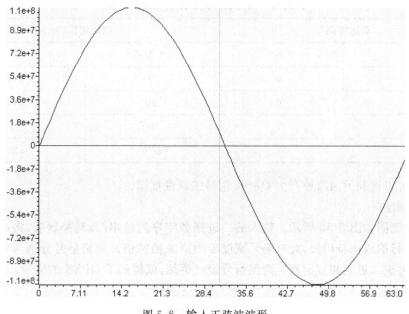

图 5.8　输入正弦波波形

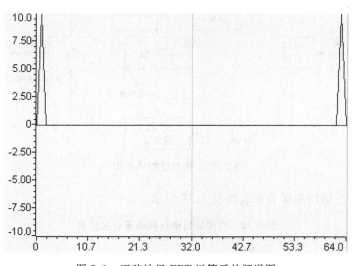

图 5.9　正弦波经 FFT 运算后的频谱图

四相制与二相制相似,可以分为四相绝对移相调制(亦称四相绝对移相键控,记为4PSK 或 QPSK)和四相相对移相调制(又称四相相对移相键控,记为 4DPSK 或 QDPSK)两种。

QPSK 是利用载波的 4 种不同相位来表征数字信息。由于每一种载波相位代表两个比特信息,故每个四进制码元又被称为双比特码元。我们把组成双比特码元的前一信息比特用 a 代表,后一信息比特用 b 代表。双比特码元中两个信息比特 ab 通常是按格雷码(即反射码)排列的,它与载波相位的关系如表 5.31 所示。

表 5.31　四进制码元和载波相位的关系

双比特码元		载波相位（Φk）	
a	b	A 方式	B 方式
0	0	0°	225°
1	0	90°	315°
1	1	180°	45°
0	1	270°	135°

由此,可以得到下面两种产生 QPSK 信号的原理框图。

（1）调相法

组成方框图如图 5.10 所示。输入的二进制数字序列经串/并转换器后,将串行数据转换为两路并行的双比特码流,此时码元宽度变为原来的两倍。两路信号分别与两个正交的载波相乘,完成二进制相位调制。两路信号经过叠加,就得到了 QPSK 的信号。

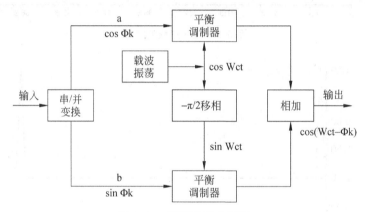

图 5.10　调相法组成框图

调相法的相位编码逻辑关系表如表 5.32 所示。

表 5.32　调相法的相位编码逻辑关系表

a	1	0	0	1
b	1	1	0	0
a 路平衡调制器输出	0°	180°	180°	0°
b 路平衡调制器输出	90°	90°	270°	270°
合成相位	45°	135°	225°	315°

（2）相位选择法

组成方框图如图 5.11 所示。输入的二进制数字序列经串/并转换器后,输出两路并行的双比特码流。四相载波发生器输入调相所需的 4 种不同相位的载波到逻辑选相电路中,该电路按照不同输入选择相对应的载波,再经过带通滤波器输出产生 QPSK 信号。

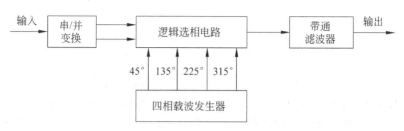

图 5.11 相位选择法组成框图

例 5.7 采用相位选择法实现 QPSK 的调制。

(1) 主程序 QPSK.asm 如下：

```
          .title    "QPSK.asm"
          .mmregs
          .copy     "wave.inc"
          .def      start
inadata   .usect    "buffer",1
inbdata   .usect    "buffer",1
outdata   .usect    "buffer",32
STACK     .usect    "STACK",10
*******************************************************
          .text
start:    LD        #inadata,DP
          STM       #inadata,AR1
          STM       #inbdata,AR2
*******************************************************
input:    nop                         ;读入 2b 的数据
          nop
          LD        *AR1,A
          LD        *AR2,B
          STM       #outdata,AR4
          BC        A1,AGT            ;if A>0,then goto A1
          BC        B1,BGT            ;if B>0,then goto B1
          STM       #cos225,AR3       ;A=0,B=0
          B         OUT
B1:       STM       #cos135,AR3       ;A=0,B=1
          B         OUT
A1:       BC        A1B1,BGT
          STM       #cos315,AR3       ;A=1,B=0
          B         OUT
A1B1:     STM       #cos45,AR3        ;A=1,B=1
          B         OUT
*******************************************************
OUT:      RPT       #31
          MVDD      *AR3+,*AR4+
```

```
        nop
        B           input
        .end
```

****

本程序采用相位选择法实现 QPSK 的调制——当输入为 11 时，对应输出 45 度的载波；当输入为 01 时，输出 135 度的载波；当输入为 00 时，输出 225 度的载波，当为输入 10 时，输出 315 度的载波。在程序中选择载波频率 fc=1.8kHz，码元速率 RB=2400B，然后再分为 a、b 两路，故一个码元周期 Ts 包括了 1.5 个载波周期。

（2）链接配置文件如下：

```
vectors.obj
QPSK.obj
-o QPSK.out
-m QPSK.map
-estart
MEMORY
{
PAGE 0:
  EPROM: org=0090H,len=0F70H
  VECS: org=0080H,len=0010H
PAGE 1:
  DARAM: org=2000H,len=2000H
}
SECTIONS
{
    .text     :>EPROM  PAGE 0
    cos45     :>EPROM  PAGE 0
    cos135    :>EPROM  PAGE 0
    cos225    :>EPROM  PAGE 0
    cos315    :>EPROM  PAGE 0
    .bss      :>DARAM  PAGE 1
    STACK     :>DARAM  PAGE 1
    buffer    :>DARAM  PAGE 1
    .vectors :>VECS   PAGE 0
}
```

（3）建立文件 wave.inc，用于存储 4 种相位下的载波数据，文件内容如下：

```
cos45:  .word   28898, 32138, 32610, 30273, 25330, 18204, 9512, 0
        .word   -9511, -18204, -25329, -30273, -32610, -32138, -28898, -23170
        .word   -15446, -6392, 3211, 12539, 20787, 27245, 31356, 32767
        .word   31357, 27245, 20787, 12539, 3212, -6392, -15446, -23170
cos135: .word   -15446, -6392, 3211, 12539, 20787, 27245, 31357, 32767
        .word   31357, 27245, 20787, 12539, 3211, -6392, -15446, -23170
```

```
        .word   -28898, -32138, -32610, -30273, -25330, -18205, -9512, 0
        .word   9511, 18204, 25329, 30273, 32610, 32138, 28898, 23170
cos225: .word   -28898, -32138, -32610, -30273, -25329, 18204, -9511, 0
        .word   9512, 18204, 25330, 30273, 32610, 32138, 28898, 23170
        .word   15446, 6392, -3211, -12539, -20787, -27245, -31356, -32767
        .word   -31357, -27245, -20787, -12539, -3211, 6392, 15446, 23170
cos315: .word   15446, 6392, -3211, -12539, -20787, -27245, -31357, -32767
        .word   -31356, -27245, -20787, -12539, -3211, 6392, 15446, 23170
        .word   28898, 32138, 32610, 30273, 25330, 18204, 9512, 0
        .word   -9511, -18204, -25329, -30273, -32610, -32138, -28898, -23170
```

程序运行后的结果如图 5.12 所示。

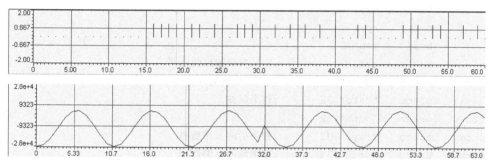

图 5.12 数字信号与 QPSK 波形

2. QPSK 的解调

QPSK 信号解调可以采用相干解调的方法实现，如图 5.13 所示。QPSK 信号可以看作是两个正交的 2PSK 的合成，可以采用相干解调的方法，即两个相互正交的相干信号分别对两个二相信号进行相干解调，通过滤波器滤除其高频成分，再通过抽样判决器，最后经并/串变换器将解调后的数据变换为串行数据，即可恢复原始数字信息。

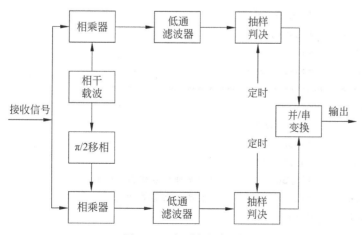

图 5.13 相干解调框图

例 5.8 编写程序,对 QPSK 调制信号进行解调。

(1) 主程序 DEQPSK.asm:

```
***************************************************************
        .mmregs
        .def      m1,e1,m2,e2,mp,ep,temp,out
        .copy     "sin_cos.inc"
        .def      start
        .bss      m1,1              ;定义浮点乘法中间变量空间
        .bss      e1,1
        .bss      m2,1
        .bss      e2,1
        .bss      mp,1
        .bss      ep,1
        .bss      temp,1
        .bss      out,1             ;定义判决输出的空间
input   .usect    "data",32         ;QPSK 数据输入空间
sinWt   .usect    "data",32         ;相干载波
cosWt   .usect    "data",32
outa    .usect    "data",32         ;相乘后的 a 路数据
outb    .usect    "data",32         ;相乘后的 b 路数据
STACK   .usect    "STACK",100
start:  .asg      AR5,x1
        .asg      AR6,x2
        .asg      AR7,product
        STM       #STACK+100,SP     ;设置堆栈指针
        LD        #m1,DP
***************************************************************
        STM       #sinWt,AR1
        RPT       #31
        MVPD      #sin,*AR1+
        STM       #cosWt,AR1
        RPT       #31
        MVPD      #cos,*AR1+
***************************************************************
loop:   nop
        STM       #input,AR5
        STM       #cosWt,AR6
        STM       #outa,AR7
        STM       #31,BRC           ;块循环重复执行 32 篇
        RPTB      next1-1           ;实现相乘器的功能
        CALL      MULT
        MAR       *AR5+
        MAR       *AR6+
        MAR       *AR7+
```

```
*************************************************************
next1:  STM     #outa,AR7       ;累加求和并判决输出
        STM     #31,BRC
        LD      #0,B
        RPTB    J1-1
        LD      * AR7+,A
        XC      2,AGT
        NOP
        ADD     #1,B
J1:     STL     B,-4,@out
*************************************************************
        STM     #input,AR5
        STM     #sinWt,AR6
        STM     #outb,AR7
        STM     #31,BRC         ;块循环重复执行 31 遍
        RPTB    next2-1         ;实现相乘器的功能
        CALL    MULT
        MAR     * AR5+
        MAR     * AR6+
        MAR     * AR7+
*************************************************************
next2:  STM     #outb,AR7       ;累加求和并判决输出
        STM     #31,BRC
        LD      #0,B
        RPTB    J2-1
        LD      * AR7+,A
        XC      2,AGT
        NOP
        ADD     #1,B
J2:     STL     B,-4,@out
*************************************************************
        nop
        B       loop
*************************************************************
MULT:   LD      * x1,16,A       ;将 x1 规格化为浮点数
        EXP     A
        VST     T,@e1           ;保存 x1 的指数
        NORM    A
        STH     A,@m1           ;保存 x1 的尾数
        LD      * x2,16,A       ;将 x2 规格化为浮点数
        EXP     A
        ST      T,@e2           ;保存 x2 的指数
        NORM    A
        STH     A,@m2           ;保存 x2 的尾数
*************************************************************
```

```
        SSBX      FRCT
        SSBX      SXM
        LD        @e1,A          ;指数相加
        ADD       @e2,A
        STL       A,@ep          ;乘积指数→ep
        LD        @m1,T          ;尾数相乘
        MPY       @m2,A          ;乘积尾数在累加器 A 中
        EXP       A              ;对尾数乘积规格化
        ST        T,@temp        ;规格化时产生的指数→temp
        NORM      A
        STH       A,@mp          ;保存乘积尾数在 mp 中
        LD        @temp,A        ;修正乘积指数
        ADD       @ep,A          ;(ep)+(temp)→ep
        STL       A,@ep          ;保存乘积指数在 ep 中
        NEG       A              ;将浮点乘积转换成定点数
        STL       A,@temp        ;乘积指数反号,并且加载到 T 寄存器
        LD        @temp,T        ;再将尾数按 T 移位
        LD        @mp,16,A
        NORM      A
        STH       A,* product    ;保存定点乘积
        RET
        .end
```

****

(2) 链接配置文件如下：

```
vectors.obj
DEQPSK.obj
-o DEQPSK.out
-m DEQPSK.map
-estart
MEMORY
{
PAGE 0:
  EPROM:    org=0090H,len=0F70H
  VECS:     org=0080H,len=0010H
PAGE 1:
  DARAM:    org=1000H,len=2000H
}
SECTIONS
{
    .text     :>EPROM    PAGE 0
    data      :>DARAM    PAGE 1
    STACK     :>DARAM    PAGE 1
    .bss      :>DARAM    PAGE 1
    .vectors  :>VECS     PAGE 0
}
```

（3）建立文件 sin_cos.inc，用于存储正交载波信息，文件内容如下：

```
sin: .word    9512, 18204, 25329, 30273, 32610, 32138, 28898,23170
     .word    15446, 6392, -3211, -12539, -20787, -27245, -31356, -32767
     .word    -31357, -27245, -20787, -12539, -3211, 6392, 15446, 23170
     .word    28898, 32138, 32610, 30273, 25330, 18205, 9512, 0
cos: .word    31357, 27245, 20787, 12539, 3211, -6392, -15446, -23170
     .word    -28898, -32138, -32610, -30273, -25330, -18205, -9512, 0
     .word    9511, 18204, 25329, 30273, 32610, 32138, 28898,23170
     .word    15446, 6392, -3211, -12539, -20787, -27245, -31356, -32767
```

程序运行后的结果如图 5.14 所示。

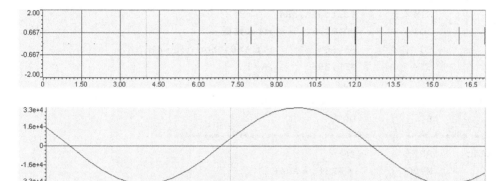

图 5.14 解调后的数字信号与正弦载波

5.5.4 FSK 调制与解调

1. FSK 调制

FSK 是移频键控的简称，故二进制移频键控常简写为 2FSK。在实际应用中，应用最为广泛的是 2FSK，故 FSK 常泛指 2FSK。

2FSK 信号是 0 符号对应于载频为 W1，而 1 符号对应于载频 W2，而且两者之间的改变是瞬间完成的。容易想到，2FSK 信号可利用一个矩形脉冲序列对一个载波进行调频而获得。这正是频率键控通信方式早期采用的实现方法，也是利用模拟调频法实现数字调频的方法。2FSK 信号的另一种产生方法便是采用键控法，即用受矩形脉冲序列控制的开关电路对两个不同的独立频率源进行选通。

例 5.9 编写程序，实现 FSK 调制。

（1）主程序 FSK.asm 如下：

```
****************************************************************
* FSK调制程序—— F0 为 64 个点，一个周期波形；F1 为 64 个点，两个周期波形 *
****************************************************************
        .title    "FSK.asm"
```

```
                .mmregs
                .copy       "FSKCOEFF.inc"
                .def        start
indata   .usect      "buffer",1
outdata  .usect      "buffer",32
STACK    .usect      "STACK",10
*********************************************************
                .text
start:   LD          #indata,DP
                STM         #indata,AR1
*********************************************************
input:   nop
                STM         #outdata,AR4
                LD          *AR1,A        ;读入数据
                BC          A1,AGT        ;if A>0,then goto A1
                STM         #F0,AR3       ;A=0
                B           OUT
A1:      STM         #F1,AR3       ;A=1
                B           OUT
*********************************************************
OUT:     RPT         #63
                MVDD        *AR3+,*AR4+
                nop
                B           input
                .end
*********************************************************
```

本实验是纯数字的调制方法：先把两种频率的波形数据存储起来，当调制数据为 1 时选择 W1 的波形输出；当调制数据为 0 时，选择频率为 W2（事先已设置成 W1＝2×W2）的波形输出。显然这与上述的键控法是一致的。此方法实现简单、运算速度快。

（2）链接配置文件如下：

```
vectors.obj
FSK.obj
-o FSK.out
-m FSK.map
-estart
MEMORY
{
PAGE 0:
  EPROM:    org=0090H,len=0F70H
  VECS:     org=0080H,len=0010H
PAGE 1:
  DARAM:    org=2000H,len=2000H
}
SECTIONS
{
```

```
.text      :>EPROM   PAGE 0
F0         :>EPROM   PAGE 0
F1         :>EPROM   PAGE 0
.bss       :>DARAM   PAGE 1
STACK      :>DARAM   PAGE 1
buffer     :>DARAM   PAGE 1
.vectors   :>VECS    PAGE 0
```

（3）建立波形文件 FSKCOEFF.inc，用于存储两个频率的载波数据，文件内容如下：

```
F0:  .word   0, 3211, 6392, 9512, 12539, 15446, 18204, 20787
     .word   23170, 25330, 27245, 28898, 30273, 31357, 32138, 32610
     .word   32767, 32610, 32138, 31357, 30273, 28898, 27245, 25330
     .word   23170, 20787, 18204, 15446, 12539, 9512, 6392, 3211
     .word   0, -3211, -6392, -9512,-12539,-15446,-18204,-20787
     .word   -23170,-25330,-27245,-28898,-30273,-31357,-32138,-32610
     .word   -32768,-32610,-32138,-31357,-30273,-28898,-27245,-25330
     .word   -23170,-20787,-18204,-15446,-12539, -9512, -6392, -3211
F1:  .word   0, 6352, 12464, 18102, 23054, 27131, 30178, 32081
     .word   32766, 32208, 30428, 27493, 23515, 18645, 13067, 6994
     .word   655, -5708,-11855,-17552,-22584,-26758,-29917,-31941
     .word   -32753,-32322,-30665,-27844,-23967,-19180,-13665, -7632
     .word   0, 6352, 12464, 18102, 23054, 27131, 30178, 32081
     .word   32766, 32208, 30428, 27493, 23515, 18645, 13067, 6994
     .word   655, -5708,-11855,-17552,-22584,-26758,-29917,-31941
     .word   -32753,-32322,-30665,-27844,-23967,-19180,-13665, -7632
```

程序执行后的结果如图 5.15 所示。

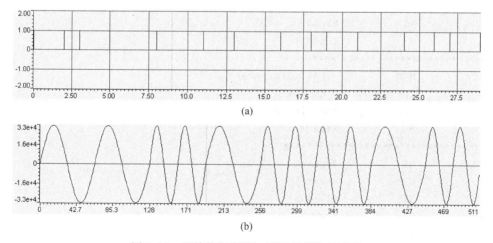

图 5.15　原始数字信号与 FSK 调制信号波形

2. FSK 的解调

FSK 信号解调方法有相干检测法和非相干检测法，还有鉴频法、过零检测法及差分检测法等。图 5.16 是过零点检测法的框图。

图 5.16　过零点检测法框图

例 5.10　编写程序,对 FSK 调制信号进行解调。

(1) 编写源程序 DEFSK.asm 如下:

```
*****************************************************************
* FSK 解调程序                                                  *
* 输入波形为 64 个点的 FSK 信号                                  *
*****************************************************************
            .title      "DEFSK.asm"
            .mmregs
            .def        start
            .bss        temp,1
indata      .usect      "buffer",64
out         .usect      "buffer",1
STACK       .usect      "STACK",10
distance    .set        31
amplitude   .set        32700
************************************
            .text
start:      LD          #indata,DP
            STM         #indata,AR1
            nop
JUDGE:      LD          *AR1+,A         ;循环检测幅度是否大于 amplitude
            SUB         #amplitude,A
            BC          A1,AGT
            B           JUDGE
************************************
A1:         MAR         *+AR1(distance)
            LD          *AR1+,A
            SUB         #amplitude,A
            BC          F1,AGT
************************************
F0:         ST          #0,@out
            B           start
F1:         ST          #1,@out
            B           start
            .end
************************************
```

本程序是基于上述过零点检测法的思想而设计的:对输入的 FSK 调制信号(F1 的频率是 F0 的两倍)的样点进行循环检测,若检测到幅值大于 amplitude,再检测下一个间隔为 distance(1/F1<distance<1/F0)的样点的幅值;若此值大于 amplitude,说明输入信号频率为 F1,否则为 F0。显然此方法与过零点检测法类似,示意图如图 5.17 所示。

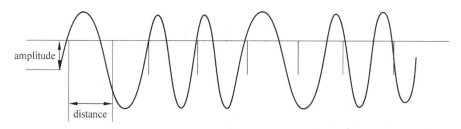

图 5.17　本程序使用方法

（2）链接配置文件如下：

```
vectors.obj
DEFSK.obj
-o DEFSK.out
-m DEFSK.map
-estart
MEMORY
{
PAGE 0:
  EPROM: org=0090H,len=0F70H
  VECS: org=0080H,len=0010H
PAGE 1:
  DARAM: org=1000H,len=2000H
}
SECTIONS
{
    .text     :>EPROM  PAGE 0
    buffer    :>DARAM  PAGE 1
    STACK     :>DARAM  PAGE 1
    .bss      :>DARAM  PAGE 1
    .vectors :>VECS   PAGE 0
}
```

程序执行后的结果如图 5.18 所示。

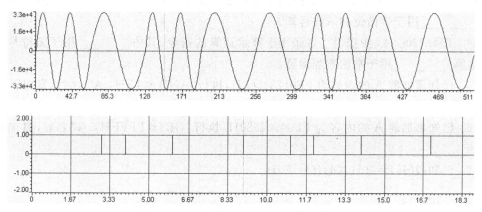

图 5.18　已调信号和解调后的数字信号

习　题　5

一、填空题

1. TMS320C54x 的指令系统包含_____指令和_____指令两种形式。

2. 在进行汇编以前,操作码和操作数都是用_____表示的。

3. 助记符指令源语句的每一行通常包含 4 个部分：标号区、_____、操作数区和_____。

4. TMS320C54x DSP 的寻址方式有_____和_____。

5. 直接寻址在偏移地址前加前缀_____,立即寻址在操作数前加前缀_____。

6. READA x 的作用是将累加器 A 所确定的_____存储器中的一个字,传送到操作数 x 所确定的_____存储器中。

7. 执行以下两条指令：

```
SSBX    CPL
LD      @x,A
```

执行后,CPL=_____,并将_____指针加 x 所形成的地址中的内容送给累加器 A。

8. 执行以下两条指令：

```
RSBX    CPL
ADD     @y,A
```

执行后,CPL=_____,并将_____指针加 y 所形成的地址中的内容与累加器 A 中的值相加。

9. 直接寻址时,数据存储器的_____位地址由基地址和_____地址构成。

10. 间接寻址方式按照_____中的地址访问存储器。

11. 堆栈寻址方式把数据压入和弹出堆栈,按照_____的原则进行寻址。

12. TMS320C54X DSP 共有 129 条指令,按照功能分为_____大类。

13. TMS320C54x 中提供了多条用于加减法的指令,其中_____用于带进位的加法运算,_____用于带借位的减法运算。

14. TMS320C54x 中提供了多条用于算术运算的指令,其中_____用于无符号数的乘法运算,_____用于乘法累加运算。

15. 已知累加器 A 的内容为 FF01234567H,执行"AND ♯1FH, A"之后,累加器 A 的值为_____。

16. 已知累加器 A 的内容为 FF00004589H,执行"OR ♯FFFFH, A"之后,累加器 A 的值为_____。

17. 已知(70H)=90H,(81H)=30H。

```
LD      70H, 16, B
ADD     81H, B
```

运行以上代码后,B=_____H。

二、选择题

1. 指令 LD 0F02H,A 属于(　　)寻址方式。

    A. 立即寻址　　　　B. 直接寻址　　　　C. 绝对寻址　　　　D. 间接寻址

2. RPT ♯0FFFFH 指令是将紧跟在其后的下一条指令循环执行(　　)次。

    A. 0FFFE　　　　　B. 0FFFF　　　　　C. 10000　　　　　D. 10001

3. RPT ♯98 指令是将紧跟在其后的下一条指令循环执行(　　)次。

    A. 97　　　　　　B. 98　　　　　　C. 99　　　　　　D. 100

4. 已知(30H)＝20H,AR2＝40H,AR3＝60H,AR4＝80H,执行以下指令:

```
MVKD  30H,*AR2
MVDD  *AR2,*AR3
```

则指令执行后,*AR3 的值为(　　)。

    A. 30H　　　　　B. 20H　　　　　C. 40H　　　　　D. 80H

5. 已知(30H)＝10H,AR2＝40H,AR3＝60H,AR4＝80H,执行以下指令:

```
MVKD  30H,*AR2
MVDD  *AR2,*AR3
MVDM  *AR3,AR4
```

则指令执行后,AR4 的值为(　　)。

    A. 30H　　　　　B. 10H　　　　　C. 40H　　　　　D. 80H

6. 执行以下程序:

```
SSBX  CPL
LD    @x1,A
```

执行之后,累加器 A 的内容为(　　)。

    A. x1 地址中的内容　　　　　　　　B. SP 指针所指地址的内容

    C. SP 指针加 x1 所形成的地址的内容　D. DP 指针加 x1 所形成的地址的内容

7. 执行以下程序:

```
RSBX  CPL
LD    @y,A
```

执行之后,累加器 A 的内容为(　　)。

    A. y 地址中的内容　　　　　　　　　B. SP 指针所指地址的内容

    C. SP 指针加 y 所形成的地址的内容　D. DP 指针加 y 所形成的地址的内容

8. TMS320C54x 的指令系统提供了 10 条乘法运算指令,其运算结果都是(　　)的。

    A. 8 位　　　　　B. 16 位　　　　　C. 32 位　　　　　D. 64 位

三、对下列程序进行分析,并回答问题。

1. DSP 执行如下指令后,求 y 的内容。

```
LD  #5,T
MPY @x,B
```

```
ADD  @b, B
STL  B, @y
```

y=_____

2. DSP 执行如下指令后,求 y 的内容。

```
LD   @m, T
MPY  @a, B
SUB  @n,B
STL  B, @y
```

y=_____

四、简答题

1. 汇编语句格式包含哪几个部分?

2. 简要说明 TMS320C54x 的 7 种寻址方式及其各自特点。

3. 说明直接寻址的格式及特点。

4. 说明间接寻址的格式及特点。

5. 下列将实现 32 位的加法运算,请对每条指令添加相应的注释,叙述指令的功能。

```
LD    #0,DP
LD    60H,16,A
ADDS  61H,A
```

6. 下述三条指令对累加器 A 执行不同的移位操作,请对每条指令添加相应的注释,叙述指令的功能。

```
ADD  A,-4,B
ADD  A,ASM,B
NORM A
```

第6章

TMS320C54x C语言程序设计

C54x DSP 软件设计通常有以下三种方法。

1. 用汇编语言设计

汇编语言的使用方法已在第5章介绍,此方法的优点是代码效率高,程序执行速度快,硬件定时准确,可以充分合理地利用芯片提供的硬件资源。但程序编写比较烦琐,可读性较差,软件的修改和升级困难,而且不同公司、不同型号的芯片所提供的汇编语言有所不同,导致可移植性较差。编写汇编语言费时费力,然而在一种 DSP 上调试好的汇编程序可能无法移植到其他 DSP 上,这使得汇编语言设计的难度增大,设计周期较长。

2. 用 C 语言设计

C 语言设计的程序不依赖或较少地依赖具体硬件,而且作为一种通用的、执行效率相对较高的高级程序语言,其兼容性、可移植性和可维护性都比较好。TI 公司的 CCS 平台包括一个优化 ANSI C 编译器,因此利用 C 语言开发可以在 C 源程序级进行开发调试,这种方式增强了软件的可读性,提高了软件的开发速度,方便软件的修改和移植。因此,在 DSP 中,除了一些运算量较大(如 FFT 等)或者对运算时间要求很严格(如某些实时信号处理)的程序代码,一般的代码都采用高级语言编写。C 程序的兼容性较好,但是也会导致其对某些 DSP 的硬件控制不方便,无法在所有的情况下都能合理利用 DSP 的硬件资源。

3. 用 C 语言与汇编语言混合编程

混合编程的方法既可以充分利用 DSP 的硬件资源,又充分发挥 C 语言的优势,能更好地达到设计要求,完成设计任务。但是,采用混合编程必须遵循有关的规则,否则会遇到一些意想不到的问题,给编程带来麻烦。

本章主要介绍 C 语言程序设计的基本规则和实例,并简要介绍混合编程。

6.1   C 语言简介

1. C 语言的特点

C 语言是一种高级语言。它把高级语言的基本结构和语句与低级语言的实用性结合起来。C 语言的基本特点如下。

(1) C语言是一种结构化语言。结构化语言的显著特点是代码及数据的分隔化,即程序的各个部分除了必要的信息交流外彼此独立。这种结构化方式可使程序层次清晰,便于使用、维护以及调试。C语言是以函数形式提供给用户的,这些函数可方便地调用,并具有多种循环、条件语句控制程序流向,从而使程序完全结构化。

(2) C语言功能齐全,运算符丰富,表达式类型多样化,具有各种各样的数据类型,便于实现各类复杂的数据结构,并引入了指针概念,可使程序效率更高。而且计算功能、逻辑判断功能也比较强大。

(3) C语言简洁、紧凑,使用方便、灵活,语法限制不太严格,程序设计自由度大。

(4) C语言允许访问物理地址,能进行位操作,能实现汇编语言的大部分功能,能直接对硬件进行操作。

(5) C语言适用范围大。适合于多种操作系统,如 Windows、DOS、UNIX、Linux 等;也适用于多种机型。C语言对编写需要硬件进行操作的场合,明显优于其他高级语言,有一些大型应用软件也是用 C语言编写的。

2. C程序的基本组成

C语言程序主要由以下几部分组成:预处理命令、函数、变量、语句和表达式、注释。

(1) 预处理命令

C语言预处理程序不是编译器的一部分,而是在编译过程中的一个单独的步骤。简单来说,C语言预处理器只是一个文本替换工具,它们指示编译器实际编译之前需要做预处理。所有的预处理命令以一个井号(#)开头,它必须是第一个非空字符,并且为便于阅读,一个预处理指令应该开始第一列。表 6.1 列出了所有重要的预处理指令。

表 6.1 常见预处理指令

指　　令	描　　述
#define	替代预处理宏
#include	从另一个文件中插入一个特殊的头
#undef	取消定义预处理宏
#ifdef	返回 true,如果这个宏定义
#ifndef	返回 true,如果该宏没有被定义
#if	测试是否编译时条件为 true
#else	用于可选 #if
#elif	#else 一个 #if 在一条语句
#endif	结束预处理条件
#error	stderr 上打印错误信息
#pragma	问题特殊命令给编译器,使用一个标准化的方法

(2) 函数

函数是一组一起执行任务的语句。每个 C 程序具有至少一个函数,它就是 main() 函数,还可以定义附加函数。函数声明告诉编译器有关的函数的名称、返回类型和参数。C标准库提供了大量的内置函数,供程序调用。例如,strcat()函数连接两个字符串,memcpy()函数复制一个存储器位置到另一个位置,还有更多的函数。

在C语言中函数由函数头和函数体组成。一个函数的组成包括以下几部分。

① 返回类型:函数会返回一个值。return_type是函数返回值的数据类型。有些函数执行所需的操作没有返回值。在这种情况下,return_type是关键字 void。

② 函数名称:这是该函数的实际名称。函数名和参数列表一起构成了函数签名。

③ 参数:参数像一个占位符。当调用一个函数,传递参数的一个值。这个值被称为实际参数或参数。参数列表指的类型,顺序和数量的函数的参数。参数是可选的,也就是说,一个函数可包含任何参数。

④ 函数体:函数体包含了定义函数做什么(命令)语句的集合。

(3) 变量

在C语言中的每个变量具有特定的类型,变量名可以由字母、数字和下画线组成,它必须以字母或下画线开头,区分大小写。基本的变量类型如表6.2所示。

表6.2　基本的变量类型

类　　　型	描　　　述
char	通常单个字节(一个字节),是整数类型
int	整数的最自然机器存储的大小
float	单精度浮点值
double	双精度浮点值
void	表示不存在的类型

C语言编程还可以定义各种其他类型的变量,如枚举、指针、数组、结构、联合等。

(4) 语句和表达式

语句包括表达式语句、函数调用语句、控制语句、复合语句、空语句。其中控制语句包括if语句、while语句、for语句、switch语句以及 break语句、continue语句、return语句、goto语句。

(5) 注释

用/* */或者//标注注释,注释在程序中不被执行,其目的是提供代码以外的信息,帮助对程序的阅读理解。

例6.1 编写程序,实现显示"Hello,World!"。

```c
#include <stdio.h>
int main()
{
    /* my first program in C */
    printf("Hello, World! ");
    return 0;
}
```

该程序的第一行♯include<stdio.h>是一个预处理命令,它讲述了一个 C 编译器实际编译包含的文件 stdio.h;下一行 int main()定义了主函数,程序开始执行;下一行 / * … * /会被编译器忽略,它被投入到程序添加附加注释;下一行 printf(…)语句实现将消息"Hello,World!"显示在屏幕上的功能;下一行 return 0;终止 main()函数,返回值为 0。

6.2　C54x DSP 的 C 语言编程

DSP 上使用的 C 语言继承了大多数 PC 上使用的 C 语言(ANSIC C)的语法规则,它们有很多相同之处。许多 PC 上运行的 C 程序只需稍加修改甚至不修改,然后在 C 编译器下经过编译、链接后即可执行。DSP 上的 C 语言结合了 DSP 芯片的硬件结构特点,在原有的C 语言基础上进行扩展、优化和改进。

6.2.1　C54x DSP 支持的 C 语言数据类型

ANSIC 语言中的基本数据类型在 C54x DSP 的 C 语言编译器中都可以直接使用,但有些数据类型的占位宽度有所不同。如表 6.3 所示为 C54x 系列 DSP 的 C 语言编译器支持的基本数据类型。

表 6.3　C54x 系列 DSP 的 C 语言编译器支持的基本数据类型

类　　型	宽度/位	最　小　值	最　大　值
signed char	16	−32 768	32 767
char,unsigned char	16	0	65 535
short,signed short	16	−32 768	32 767
int,signed int	16	−32 768	32 767
unsigned int	16	0	65 535
enum	16	−32 768	32 767
pointers	16	0	0xFFFF
long,signed long	32	−2 147 483 648	2 147 483 647
unsigned long	32	0	4 284 967 295
float,double,long double	32	$1.175494e^{-38}$	$3.40282346e^{+38}$

6.2.2　系统的初始化

C 程序开始运行时,必须首先初始化 C 语言的运行环境,可以通过函数 c_int()来完成这一功能。

c_int()函数的主要功能是复位中断,CCS 编译器会将这个函数的入口地址放置在复位中断向量处,因此该函数可以在系统初始化时被调用。

c_int()函数在初始化系统时主要完成以下工作:

(1) 为堆栈产生.stack 段,并初始化;

(2) 从.cinit 段将初始化数据复制到.bss 段中相应的变量;

(3) 调用 main 函数,开始运行 C 程序。

在 DSP 中,c_int()函数是由 CCS 自己编译完成的,因此用户在设计应用程序时不需要编写这部分内容,直接从 main 函数开始设计即可,这样使得设计变得非常方便。

6.2.3 函数的调用

1. 参数传递

在函数调用前,将参数以逆序压入运行堆栈。所谓逆序,即最右边的参数最先压入栈,然后自右向左将参数依次压入栈,直至第二个参数入栈完毕。第一个参数则不需压入堆栈,而是放入累加器 A 中,由 A 进行传递。若参数是长整型和浮点数时,则低位字先压入栈,高位字后压入栈。若参数中有结构,则调用函数先给结构分配空间,而该空间的地址则通过累加器 A 传递给被调用函数。

一个典型的函数调用如图 6.1 所示。参数传递到函数,同时该函数使用了局部变量并调用另一个函数。第一个参数不由堆栈传递,而是放入累加器 A 中传递。

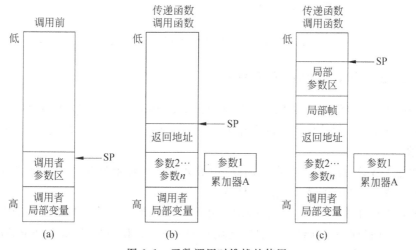

图 6.1 函数调用时堆栈的使用

2. 被调用函数的执行过程

被调用函数依次执行以下几项任务。

(1) 如果被调用函数修改了寄存器(如 AR1、AR6、AR7),则必须将它们压栈保护。

(2) 当被调用函数需分配内存来建立局部变量及参数区时,SP 向低地址移动一个常数(即 SP 减去一个常数),该常数的计算方法如下:

$$常数=局部变量长度+参数区中调用其他函数的参数长度$$

（3）被调用函数执行程序。

（4）如果被调用函数修改了寄存器 AR1、AR6 和 AR7，则必须予以恢复。将函数的返回值放入累加器 A 中。整数和指针在累加器 A 的低 16 位中返回，浮点数和长整型数在累加器 A 的 32 位中返回。如果函数返回一个结构体，则被调用函数将结构体的内容拷贝到累加器 A 所指向的存储器空间。如果函数没有返回值，则将累加器 A 置 0，撤销为局部帧开辟的存储空间。ARp 在从函数返回时，必须为 0，即当前辅助寄存器为 AR0。参数不是由被调用函数弹出堆栈的，而是由调用函数弹出的。

（5）SP 向高地址移动一个常数（即 SP 加上一个常数），该常数即为图 6.1(b)所确定的常数，这样就又恢复了帧和参数区。

（6）被调用函数恢复所有保存的寄存器。

（7）函数返回。

3. 入参数区和局部变量区

当编译器采用 CPL=1 的编译模式时，采用直接寻址即可很容易寻址到参数区和局部变量区。例如：

```
ADD  * SP(6), A      ;将 SP+6 所指单元的内容送累加器 A
```

以上直接寻址方式的最大偏移量为 127，所以当寻址超过 127 时，可以将 SP 值复制到辅助寄存器中（如 AR7），以此代替 SP 进行长偏移寻址。例如：

```
MVMM SP, AR7        ;将 SP 的值送 AR7
…
ADD * AR7(128), A ;AR7 加 128 后所指向的单元内容送 A
```

4. 分配帧及使用 32 位内存读/写指令

（1）一些 C54x DSP 指令提供了一次读/写 32 位的操作（如 DLD 和 DADD），因此必须保证 32 位对象存放在偶地址开始的内存中。为了保证这一点，C 编译器需要初始化 SP，使其为偶数值。

（2）由于 CALL 指令使 SP 减 1，因此 SP 在函数入口设置为奇数；而长调用 FCALL 指令使 SP 减 2，故 SP 在函数入口设定为偶数。

（3）使用 CALL 指令时，应确保 PSMH 指令的数目加上 FRAME 指令分配字的数目为奇数，这样 SP 就指向一个偶地址；同样，使用长调用 FCALL 指令时，应保证 PSMH 指令的数目与 FRAME 指令分配字的数目和为偶数，以保证 SP 指向偶地址。

（4）为了确保 32 位对象在偶地址，可通过设置 SP 的相对地址来实现。

（5）由于中断调用时不能确保 SP 为奇数还是偶数，因此，中断分配 SP 指向偶数地址。

6.2.4 堆栈的使用

C 系统的堆栈可以完成的主要功能是分配局部变量、传递函数参数、保存所调用函数的返回地址和保存临时结果。

运行堆栈的增长方向是从高地址到低地址,即入栈则地址减少,出栈则地址增加。堆栈的管理者是堆栈指针 SP。堆栈的容量由链接器(Linker)设定。

如:在链接命令文件(.cmd 文件)中加入选项

```
-stack 0x2000
```

则堆栈的容量被设为 2000H 个字。

6.2.5 寄存器的访问

C54x C 编译器在一个函数中最多可以使用两个寄存器变量。寄存器变量的声明必须在变量列表或函数的起始处进行,格式为:

```
register type reg;
```

在 C 环境中,定义了严格的寄存器规则。寄存器规则明确了编译器如何使用寄存器,以及在函数的调用过程中如何保护寄存器。调用函数时,某些寄存器不必由调用者来保护,而由被调用函数负责保护。如果调用者需要使用没有保护的寄存器,则调用者在调用函数前必须对这些寄存器予以保护。在编写汇编语言和 C 语言的接口程序时,这些规则非常重要。如果编写时不遵守寄存器的使用规则,则 C 环境将会被破坏。

寄存器规则概括如下:

(1) 辅助寄存器 AR1、AR6、AR7 由被调用函数保护,即可以在函数执行过程中修改,但在函数返回时必须恢复。在 C54x DSP 中,编译器将 AR1 和 AR6 用作寄存器变量,其中,AR1 被用作第一个寄存器变量,AR6 被用作第二个寄存器变量,其顺序不能改变。另外5 个辅助寄存器 AR0、AR2、AR3、AR4、AR5 则可以自由使用,即在函数执行过程中可以对它们进行修改,不必恢复。

(2) 堆栈指针 SP 在函数调用时必须予以保护,但这种保护是自动的,即在返回时,压入堆栈的内容都将被弹出。

(3) ARp 在函数进入和返回时必须为 0,即当前辅助寄存器必须为 AR0,而函数执行时则可以是其他值。

(4) OVM 在默认情况下,编译器总认为 OVM 是 0,因此,若在汇编程序中将 OVM 置为 1,则在返回 C 环境时,必须将其恢复为 0。

(5) 其他状态位和寄存器可以任意使用,不必恢复。

6.2.6 存储器的访问

C54x DSP 有两种存储器:程序存储器和数据存储器。程序存储器主要用于装载立即数和可执行的代码,数据存储器主要用于装载变量、系统堆栈以及一些中间运算结果。

C 编译器对 C 语言程序进行编译后生成 8 个可以进行重定位的代码和数据段,这些段可以用不同的方式分配至存储器以符合不同系统配置的需要。这 8 个段分为两种类型:已初始化段和未初始化段。

已初始化段包含数据和可执行代码,C编译器建立下列已初始化段。

(1).text段:包含所有可执行代码。

(2).cinit段:包含初始化变量和常数表。

(3).pinit段:包含运行时的全局对象构造器表。

(4).const段:包含用关键字const定义的字符常数和数据。

(5).switch段:包含switch语句跳转表。

未初始化段通常在RAM中保留内存空间,C编译器建立下列的未初始化段:

(1).bss段:为全局和静态变量保留空间。

(2).stack段:为C/C++系统堆栈分配空间,用于变量传递。

(3).sysmem段:为动态内存分配保留空间,这些空间由函数malloc、calloc和realloc占有。若C/C++程序未使用这些函数,编译器不建立.sysmem段。

在编写链接命令文件(.cmd文件)时,.text、.cinit、.switch段通常可以链接到系统的ROM或者RAM中去,但是必须放在程序段(page0);.const段通常可以链接到系统的ROM或者RAM中去,但是必须放在数据段(pagel);而.bss、.stack和.sysmem段必须链接到系统的RAM中去,并且必须放在数据段(pagel)。

6.2.7 I/O 空间的访问

I/O空间的访问是对标准C语言的扩展,具体方式是利用关键字ioport来实现。其格式为:

```
ioport type porthexnum;
```

ioport指示这是定义一个端口变量的关键字;type类型必须是char、short、int或对应的无符号类型;porthexnum为定义的端口变量,格式必须为port后面跟一个十六进制数,如port000E表示访问地址为000EH的I/O空间变量。利用ioport定义的I/O空间变量可以像一般变量一样进行赋值,如port000E=a,可以将a写入端口000EH。

例6.2 用C语言编写C54x DSP的I/O口的读程序,实现从I/O口地址8000H连续读入1000个数据并存入数组中。

```
#include"portio.h"              /*包含头文件portio.h*/
#define RD_PORT 0x8000          /*定义输入I/O口*/
static int indata[1000];        /*定义全局数组*/
main()
{
int I;
for(I=0;I<1000;I++)
portRead(RD_PORT);             /*从I/O口读数据*/
}
```

6.3 TMS320C54x C 语言程序开发实例

C语言程序编写过程步骤如下:

(1)编辑器编辑C程序*.c;

(2) 编译程序将 C 程序编译汇编成目标文件 ∗.obj;

(3) 编辑一个链接命令文件(∗.cmd 文件);

(4) 链接生成 ∗.out 文件,用硬件仿真器进行调试。

本节结合 C54x 系列 DSP 在信号处理中的典型应用实例讲述如何利用 C 语言进行 DSP 的程序设计。

6.3.1 IIR 滤波器的 DSP 实现

例 6.3 设计一个 8 阶的 IIR 巴特沃斯滤波器,采用 4 个二次分式级联的方法设计滤波器,滤波器的系数利用 MATLAB 中的 FDATool 工具设计,低高通滤波器的 FS 设计为 60 240Hz,Fc 设计为 4500Hz,高通滤波器的 Fc 设计为 10 000Hz。

(1) 主程序 main.c 如下:

```
#include "distortion.h"
#include "function.h"
#include <stdio.h>
#include <math.h>
#include "numden.h"
#include "vect.c"
main()
{
for(;;)
    {
        int k;
        k=0;
        c54init();
        f=1500.0;
        TCR=0x0114;
        PRD=331;
        fs=1000.0 * 1000.0/((PRD+1) * 5) * 100.0;    //主频是 100MHz
                                                      //采样频率设置为 60.240kHz
        TCR=0x0124;
        input_data();
        iir_filter();                                 //滤波器
            k++;
    }
}
void input_data()                                     /* 采样子程序 */
{
    int i;                                            //定义变量
    p_x=x;                                            //定义指针数组
    asm(" RSBX INTM");
    IFR=0x0008;                                       //开定时器中断
    IMR=0x0008;                                       //屏蔽定时器以外的中断
```

```
    asm(" pshm ar0");                               //保护 AR0 值
    asm(" pshm ar1");                               //保护 AR1 值
    asm(" stm #008Ah,ar0");                         //采样 138 点
    asm(" mvdm _p_x,ar1");                          //采样数据写到数组里
    asm("qaz: idle 1");                             //等待,直到产生中断
                                                    //如果 intm=0,响应中断服务程序
                              //如果 intm=1,直接执行下面程序,不进入中断服务程序
    asm(" portr 0008h,* ar1+");                     //读取 I/O 地址 AD:0008h 的数据
    asm(" stm #0ffffh,IFR");                        //清除所有中断
    asm(" banz qaz,* ar0-");                        //采样点数未到设定值,跳转继续采样
    asm(" popm ar1");                               //恢复 AR1 值
    asm(" popm ar0");                               //恢复 AR0 值
    asm(" ssbx intm");                              //屏蔽定时器 0 中断
    IMR=IMR&0xfff7;
    for(i=0;i<N+10;i++)
      x[i]=x[i+10]&0x00ff;          //摒除采样的前 10 个数据,同时取采样数据低 8 位有效
    for(i=0;i<N+mm;i++)
      xin[i]=(float)x[i]-76.0;
}
void iir_filter()                                   //IIR 数字滤波
{
    unsigned int k;
    w[0]=0;
    w[1]=0;
    v[0]=0;
    v[1]=0;
    z[0]=0;
    z[1]=0;
    y[0]=0;
    y[1]=0;
    for(k=mm;k<N+mm;k++)
    {
        w[k]=(-(a[0][1]*w[k-1]+a[0][2]*w[k-2])+b[0][0]*xin[k]+b[0][1]*
        xin[k-1]+b[0][2]*xin[k-2])/a[0][0];
        xin[k-2]=xin[k-1];
        xin[k-1]=xin[k];
        v[k]=(-(a[1][1]*v[k-1]+a[1][2]*v[k-2])+b[1][0]*w[k]+b[1][1]*w[k-1]
        +b[1][2]*w[k-2])/a[1][0];
        w[k-2]=w[k-1];
        w[k-1]=w[k];
        z[k]=(-(a[2][1]*z[k-1]+a[2][2]*z[k-2])+b[2][0]*v[k]+b[2][1]*v[k-1]
        +b[2][2]*v[k-2])/a[2][0];
        v[k-2]=v[k-1];
        v[k-1]=v[k];
        y[k]=g*(-(a[3][1]*y[k-1]+a[3][2]*y[k-2])+b[3][0]*z[k]+b[3][1]*z[k
```

```
            -1]+b[3][2] * z[k-2])/a[3][0];
        z[k-2]=z[k-1];
        z[k-1]=z[k];
        y[k-2]=y[k-1];
        y[k-1]=y[k];
    }
}
```

（2）链接配置文件.cmd 如下：

```
-c
-h
-l rts.lib
-stack 0x100
MEMORY
{
    PAGE 0: PROG:       origin=0x1000, len=0x1580
            VECT:       origin=0x2580, len=0x80
    PAGE 1: DATA:       origin=0x2600, len=0x1a80
}
SECTIONS
{
    .text    >PROG PAGE 0
    .cinit   >PROG PAGE 0
    .switch  >PROG PAGE 0
    vect     >VECT PAGE 0
    .data    >DATA PAGE 1
    .bss     >DATA PAGE 1
    .const   >DATA PAGE 1
    .sysmem  >DATA PAGE 1
    .stack   >DATA PAGE 1
}
```

有关本程序的说明如下。

（1）子程序参数：

void input_data( ) 函数：采样程序。本程序的采样点数是 128 点。

void iir_filter( ) 函数；IIR 滤波器函数。

void timer_int( ) 函数；定时器中断函数。该中断不采集数据，采集在 input_data( ) 中完成。

void vect( ) 函数；中断向量函数。

（2）程序流程如图 6.2 所示。

（3）程序执行后，可以看到如图 6.3 所示的波形。滤波前是一个低频信号叠加了高频信号，经过低通滤波之后，滤除高频分量，保留

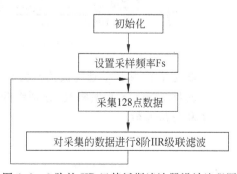

图 6.2　8 阶的 IIR 巴特沃斯滤波器设计流程图

平滑的低频成分。

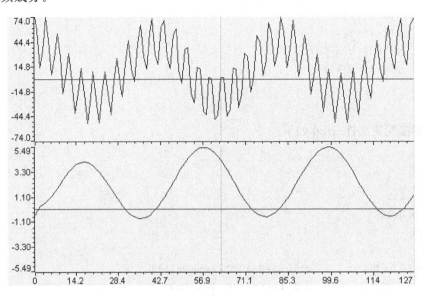

图 6.3　低通滤波前后的时域波形

修改 Display Type 的数据类型：Dual Time 改为 FFT Magnitude，可以得到滤波前后的频谱图，如图 6.4 和图 6.5 所示。

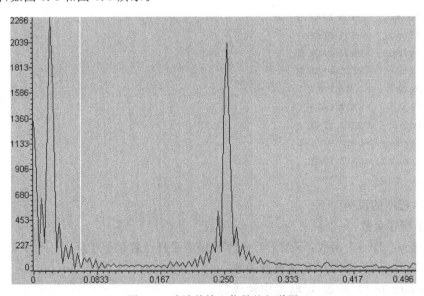

图 6.4　滤波前输入信号的频谱图

（4）修改程序，将原低通滤波器改为高通滤波器。

对头文件 numden.h 做修改，分别将低通滤波器二维数组 b 和 a 的值替换为高通滤波器的分子和分母参数。

```
float b[4][3]={
        1.0,-2.0,1.0,
        1.0,-2.0,1.0,
```

```
            1.0,-2.0,1.0,
            1.0,-2.0,1.0
          };
float a[4][3]={
            1.0,-0.1589,0.01589,
            1.0,-0.1718,0.09816,
            1.0,-0.2020,0.2914,
            1.0,-0.2623,0.6769
          };
```

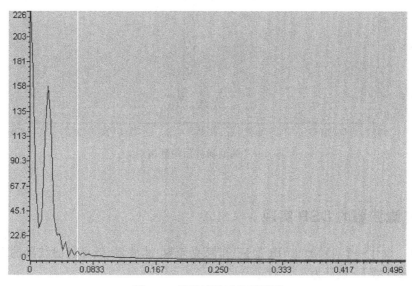

图 6.5　低通滤波后的频谱图

　　程序执行后,可以得到 IIR 滤波前后的时域信号波形,如图 6.6 所示。滤波前是一个低频信号叠加了高频信号,经过高通滤波之后,滤除低频分量,保留高频成分。

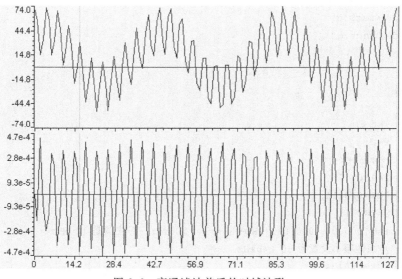

图 6.6　高通滤波前后的时域波形

高通滤波后的频谱如图 6.7 所示。

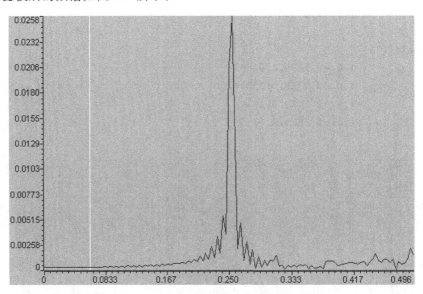

图 6.7　高通滤波后的频谱图

6.3.2 FIR 滤波器的 DSP 实现

例 6.4　设计一个 65 阶的 FIR 加窗（布莱克曼窗）滤波器，低高通滤波器的 FS 设计为 60 240Hz，滤波器 Fc 设计为 3750Hz。

（1）主程序 main.c 如下：

```c
#include "distortion.h"
#include "function.h"
#include <stdio.h>
#include <math.h>
#include "vect.c"
main()
{
for(;;)
    {
        int k;
        k=0;
        c54init();
        f=1500.0;
        TCR=0x0114;
        PRD=331;
        fs=1000.0 * 1000.0/((PRD+1) * 5) * 100.0;   //主频是 100MHz
        //采样频率设置为 60.240kHz
        TCR=0x0124;
        input_data();
```

```
        lowpass_filter();                       //低通滤波器
        //highpass_filter();                    //高通滤波器
            k++;
    }
}
void input_data()                               /* 采样子程序 */
{
    int i;                                      //定义变量
    p_x=x;                                      //定义指针数组
    asm(" RSBX INTM");
    IFR=0x0008;                                 //开定时器中断
    IMR=0x0008;                                 //屏蔽定时器以外的中断
    asm(" pshm ar0");                           //保护 AR0 值
    asm(" pshm ar1");                           //保护 AR1 值
    asm(" stm #00c1h,ar0");                     //采样 193 点
    asm(" mvdm _p_x,ar1");                      //采样数据写到数组里
    asm("qaz: idle 1");                         //等待,直到产生中断
                                                //如果 intm=0,响应中断服务程序
                     //如果 intm=1,直接执行下面程序,不进入中断服务程序
    asm(" portr 0008h, * ar1+");                //读取 I/O 地址 AD:0008h 的数据
    asm(" stm #0ffffh,IFR");                    //请求所有中断
    asm(" banz qaz, * ar0-");                   //采样点数未到设定值,跳转继续采样
    asm(" popm ar1");                           //恢复 AR1 值
    asm(" popm ar0");                           //恢复 AR0 值
    asm(" ssbx intm");
    IMR=IMR&0xfff7;                             //屏蔽定时器 0 中断
    for(i=0;i<N+mm;i++)
      x[i]=x[i]&0x00ff;              //摒除采样的前 10 个数据,同时取采样数据低 8 位有效
    for(i=0;i<N+mm;i++)
      xin[i]=(float)x[i]-80.0;
}
void lowpass_filter()                           //低通数字滤波
{
    int i,j;                                    //定义变量
    float wc;                                   //定义数字滤波器截止频率
    wc=2.5 * pi * 2 * 1500.0/fs;
    for(i=0;i<mm;i++)
    {
        if(i==(mm-1)/2) h[i]=wc/(pi);
        //else h[i]=sin(wc * (i-(mm-1)/2)) * (0.54-0.46 * cos(2.0 * pi * i/(mm-1)))/
        (pi * (i-(mm-1)/2));
        else h[i]=sin(wc * (i-(mm-1)/2)) * (0.42-0.50 * cos(2.0 * pi * i/(mm-1))+
        0.08 * cos(4.0 * i * pi/(mm-1)))/(pi * (i-(mm-1)/2));
        //else h[i]=sin(wc * (i-(mm-1)/2)) * (0.35875-0.48829 * cos(2.0 * pi * i/
        (mm-1))+0.14128 * cos(4 * i * pi/(mm-1))-0.01168 * cos(6 * pi * i/(mm-1)))/
```

```
            (pi * (i- (mm-1)/2));
        //w[i]=0.42-0.5 * cos(2 * i * pi/(mm-1))+0.08 * cos(4 * i * pi/(mm-1));
        //w[i]=0.50-0.5 * cos(2 * i * pi/(mm-1));
        //w[i]=0.35875-0.48829 * cos(2 * i * pi/(N-1))+0.14128 * cos(4 * i * pi/(N-
            1))-0.01168 * cos(6 * pi * i/(N-1));
    }
    for(i=mm;i<(N+mm);i++)
    {
        data2_imag[i]=((float)xin[i-1] * 2.000/256.0) * h[0];
            for(j=0;j<mm-1;j++)
        {data2_imag[i]=(((float)xin[i-j-1] * 2.000/256.0) * h[j+1]+data2_imag[i]);}
            data2_imag[i-mm]=data2_imag[i]/20000.0;
    }
}
/ * 高通滤波器 * /
void highpass_filter()
{
    int i,j;
    float wc;                                    //定义数字滤波器截止频率
    wc=0.25 * pi * 2 * 15000.0/fs;
    for(i=0;i<mm;i++)
    {
        if(i==(mm-1)/2) h[i]=1-wc/(pi);
        //else h[i]=sin(wc * (i-(mm-1)/2)) * (0.54-0.46 * cos(2.0 * pi * i/(mm-1)))/
        (pi * (i-(mm-1)/2));
        else h[i]=(sin(pi * (i-(mm-1)/2))-sin(wc * (i-(mm-1)/2))) * (0.42-0.50 *
        cos(2.0 * pi * i/(mm-1))+0.08 * cos(4.0 * i * pi/(mm-1)))/(pi * (i-(mm-1)/
        2));
        //布莱克曼窗
        //else h[i]=sin(wc * (i-(mm-1)/2)) * (0.35875-0.48829 * cos(2.0 * pi * i/(mm
        -1))+0.14128 * cos(4 * i * pi/(mm-1))-0.01168 * cos(6 * pi * i/(mm-1)))/(pi *
        (i-(mm-1)/2));
        //w[i]=0.42-0.5 * cos(2 * i * pi/(mm-1))+0.08 * cos(4 * i * pi/(mm-1));
        //w[i]=0.50-0.5 * cos(2 * i * pi/(mm-1));
        //w[i]=0.35875-0.48829 * cos(2 * i * pi/(N-1))+0.14128 * cos(4 * i * pi/(N-
            1))-0.01168 * cos(6 * pi * i/(N-1));
    }
    for(i=mm;i<(N+mm);i++)
    {
        data2_imag[i]=((float)xin[i-1] * 2.000/256.0) * h[0];
            for(j=0;j<mm-1;j++)
        {data2_imag[i]=(((float)xin[i-j-1] * 2.000/256.0) * h[j+1]+data2_imag[i]);}
            data2_imag[i-mm]=data2_imag[i]/20000.0;
    }
}
```

（2）链接配置文件.cmd如下：

```
-c
-h
-l rts.lib
-stack 0x100
MEMORY
{
    PAGE 0: PROG:      origin=0x1000, len=0x1580
            VECT:      origin=0x2580, len=0x80
    PAGE 1: DATA:      origin=0x2600, len=0x1a80
}
SECTIONS
{
    .text    >PROG PAGE 0
    .cinit   >PROG PAGE 0
    .switch  >PROG PAGE 0
    vect     >VECT PAGE 0
    .data    >DATA PAGE 1
    .bss     >DATA PAGE 1
    .const   >DATA PAGE 1
    .sysmem  >DATA PAGE 1
    .stack   >DATA PAGE 1
}
```

有关本程序的说明如下。

（1）子程序参数：

void input_data() 函数：采样程序。本程序的采样点数是 128 点。

void lowpass_filter() 函数；FIR 低通滤波器函数。

void highpass_filter() 函数；FIR 高通滤波器函数。

void timer_int() 函数；定时器中断函数。该中断不采集数据，数据的采集在 input_data() 函数中完成。

void vect() 函数；中断向量函数。

（2）程序流程如图 6.8 所示。

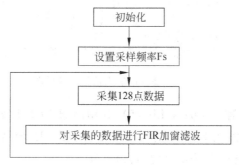

图 6.8　窗函数法设计 FIR 滤波器流程图

（3）程序执行后，可以看到如图 6.9 所示的波形。与 IIR 滤波器类似，滤除高频分量，保留低频成分。

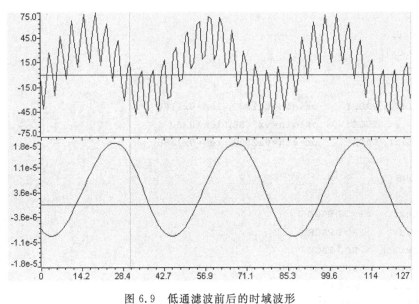

图 6.9　低通滤波前后的时域波形

修改 Display Type 的数据类型：Dual Time 改为 FFT Magnitude，可以得到滤波前后的频谱图，如图 6.10 和图 6.11 所示。

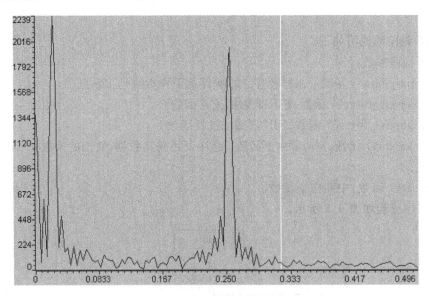

图 6.10　滤波前输入信号的频谱图

（4）不调用低通滤波器 lowpass_filter()，调用高通 FIR 滤波器 highpass_filter()（如图 6.12所示）得到高通滤波效果。程序执行后，可以得到 FIR 滤波前后的时域信号波形，如图 6.13 所示其效果是滤除低频分量，保留高频成分。

高通滤波后的频谱如图 6.14 所示。

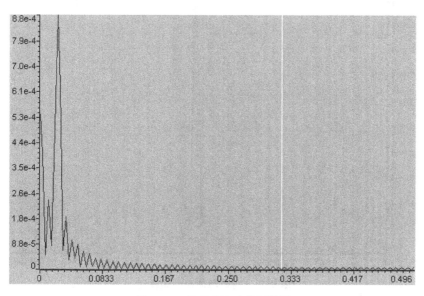

图 6.11　低通滤波后的频谱图

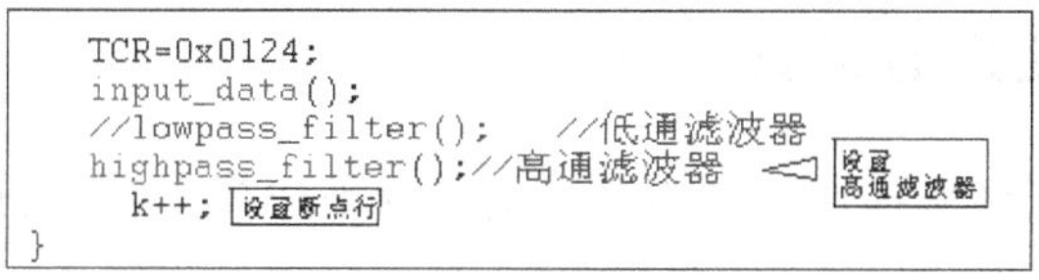

```
TCR=0x0124;
input_data();
//lowpass_filter();   //低通滤波器
highpass_filter();//高通滤波器  ◁—  设置高通滤波器
   k++; 设置断点行
}
```

图 6.12　调用高通滤波器

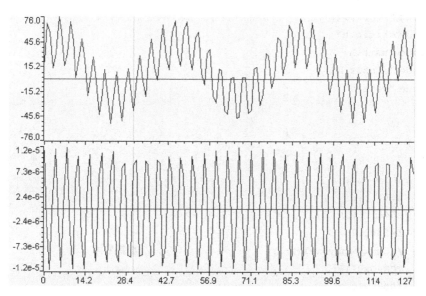

图 6.13　高通滤波前后的时域波形

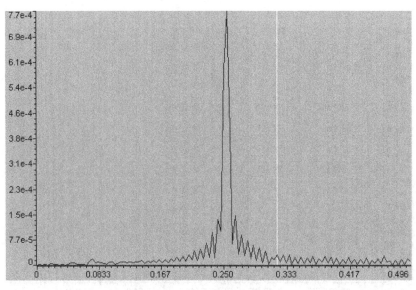

图 6.14　高通滤波后的频谱图

6.3.3 快速傅里叶变换的实现

例 6.5　设计 64 点频率抽选(DIF)FFT,信号的采样频率 FS 设计为 60 240 Hz。

(1) 主程序 main. c 如下:

```
#include "distortion.h"
#include "function.h"
#include <stdio.h>
#include <math.h>
#include "sincos.h"
#include "vect.c"
main()
{
for(;;)
    {
        int k,n;
        k=0;
        c54init();
        f=1500.0;
        // frequency_sel();                      //重新采样
        TCR=0x0114;
        PRD=331;
        fs=1000.0 * 1000.0/((PRD+1) * 5) * 100.0;  //主频是 100MHz
                                               //采样频率设置为 60.240kHz
        TCR=0x0124;
        input_data();
```

```
        fft();
        for(n=0;n<N;n++)
        {
            data2_real[n]= sqrt(data2_real[n] * data2_real[n]+ data2_imag[n] *
            data2_imag[n]);
        }
        k++;
    }
}
void input_data()                  /* 采样子程序 */
{
    int i;                         //定义变量
    p_x=x;                         //定义指针数组
    asm(" RSBX INTM");
    IFR=0x0008;                    //开定时器中断
    IMR=0x0008;                    //屏蔽定时器以外的中断
    asm(" pshm ar0");              //保护 AR0 值
    asm(" pshm ar1");              //保护 AR1 值
    asm(" stm #004ah,ar0");        //采样 74 点
    asm(" mvdm _p_x,ar1");         //采样数据写到数组里
    asm("qaz: idle 1");            //等待,直到产生中断
                                   //如果 intm=0,响应中断服务程序
                                   //如果 intm=1,直接执行下面程序,不进入中断服务程序
    asm(" portr 0008h, * ar1+");   //读取 I/O 地址 AD:0008h 的数据
    asm(" stm #0ffffh,IFR");       //请求所有中断
    asm(" banz qaz, * ar0-");      //采样点数未到设定值,跳转继续采样
    asm(" popm ar1");              //恢复 AR1 值
    asm(" popm ar0");              //恢复 AR0 值
    asm(" ssbx intm");
    IMR=IMR&0xfff7;                //屏蔽定时器 0 中断
    for(i=0;i<(N+10);i++)
      x[i]=x[i+10]&0x00ff;         //摒除采样的前 10 个数据,同时取采样数据低 8 位有效
    for(i=0;i<N;i++)
      xin[i]=(float)x[i]-60.0;
}
void fft()
{
    int i,j,k,bfsize,NV2,NM1,a,b,c;
    float co_real,co_imag;
    for(i=0;i<N;i++)
    data2_real[i]=xin[i];
    for(i=0;i<N;i++) data2_imag[i]=0;
    for(k=0;k<r;k++)
    {
        for(j=0;j<1<<k;j++)
```

```
        {
            bfsize=1<<(r-k);
            for(i=0;i<bfsize/2;i++)
            {
                a=i+j*bfsize;
                b=a+bfsize/2;
                c=i*(1<<k);
                co_real=data2_real[a]-data2_real[b];
                co_imag=data2_imag[a]-data2_imag[b];
                data2_real[a]=(data2_real[a]+data2_real[b])/2;
                data2_imag[a]=(data2_imag[a]+data2_imag[b])/2;
                data2_real[b]=(co_real*cos1[c]-co_imag*sin1[c])/20000.0;
                data2_imag[b]=(co_real*sin1[c]+co_imag*cos1[c])/20000.0;
            }
        }
    }
    NV2=N/2;NM1=N-1;k=0;
    i=j=1;
    while(i<=NM1)
    {
        if(i<j)
        {
            co_real=data2_real[j-1];          co_imag=data2_imag[j-1];
            data2_real[j-1]=data2_real[i-1];  data2_imag[j-1]=data2_imag[i-1];
            data2_real[i-1]=co_real;          data2_imag[i-1]=co_imag;
        }
        k=NV2;
        while(k<j)
        {
            j-=k;
            k/=2;
        }
        j+=k;
        i++;
    }
}
```

(2) 链接配置文件.cmd 如下:

```
-c
-h
-l rts.lib
-stack 0x100
MEMORY
{
    PAGE 0: PROG:     origin=0x2000, len=0x0f80 /* 8k-128 word */
```

```
            VECT:       origin=0x2f80, len=0x80 / * 128word * /
    PAGE 1: DATA:       origin=0x3000, len=0xf80 / * 4k word * /
}
SECTIONS
{
    .text      >PROG PAGE 0
    .cinit     >PROG PAGE 0
    .switch    >PROG PAGE 0
    vect       >VECT PAGE 0
    .data      >DATA PAGE 1
    .bss       >DATA PAGE 1
    .const     >DATA PAGE 1
    .sysmem    >DATA PAGE 1
    .stack     >DATA PAGE 1
}
```

有关本程序的说明如下。

(1) 子程序参数：

void input_data() 函数：采样程序。本程序
的采样点数是 64 点。

void fft() 函数；(DIF)FFT 函数。

void timer_int() 函数；定时器中断函数。
该中断不采集数据,数据的采集在 input_data()
函数中完成。

void vect() 函数；中断向量函数。

(2) 程序流程如图 6.15 所示。

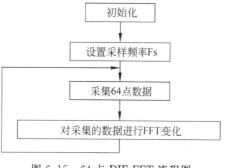

图 6.15 64 点 DIF-FFT 流程图

(3) 程序执行后的时域和频域波形如图 6.16 所示,时域波形为一个低频信号与高频信号的叠加,其频谱图中分别在两个频率处存在谱线,得到信号的傅里叶变换波形。

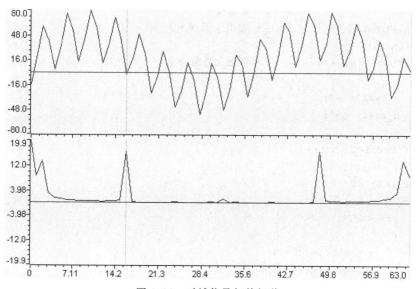

图 6.16 时域信号与其频谱

6.3.4 卷积算法的 DSP 实现

对于线性时不变系统,若输入为 $\delta(n)$,其经过系统后的响应称为单位脉冲响应 $h(n)$,由系统的时不变特性可得出系统对 $\delta(n-k)$ 的响应为 $h(n-k)$、系统对 $\sum\limits_{k=-\infty}^{\infty} x(k)\delta(n-k)$ 的响应为 $\sum\limits_{k=-\infty}^{\infty} x(k)h(n-k)$,即离散时间 LTI 系统对输入 $x(n)$ 的响应为

$$y(n) = \sum_{k=-\infty}^{\infty} x(k)h(n-k) \tag{6.1}$$

此式称为卷积和,通常记为

$$y(n) = x(n)h(n) \tag{6.2}$$

例 6.6 编写程序,实现两矩形序列的卷积运算。

(1) 主程序 main.c 如下:

```c
#include <math.h>
#define  N  100
unsigned int N1,N2,n;
int i,k;
float sum_real,t_real;
float x_real[N];
float h_real[N];
float y_real[2*N];
extern c54init();
main()
{
    unsigned int t;
    N1=N;                    /* x 长度 */
    N2=N;                    /* h 长度 */
    n=N1+N2-1;               /* 输出 y 长度 */
    c54init();
    for(i=0;i<N;i++)         /* 初始化数组 */
    {
        x_real[i]=0;
        h_real[i]=0;
    }
    for(i=0;i<2*N;i++)
        y_real[i]=0;
    for(i=0;i<N;i++)
    {
        if(i<N/2)
        {
            x_real[i]=2000.0;
            h_real[i]=2000.0;
        }
```

```
    else
    {
        x_real[i]=0;
        h_real[i]=0;
    }
}
for(i=0;i<n;i++)
{
    sum_real=0;
    t_real=0;
    for(k=0;k<=i;k++)
    {
        t_real=x_real[k] * h_real[i-k];
        sum_real=sum_real+t_real;
    }
    y_real[i]=sum_real;
}
for(;;)
{
    t++;
}
}
```

(2) 链接配置文件. cmd 如下：

```
-c
-h
-l rts.lib
-stack 0x100
MEMORY
{
    PAGE 0: PROG:    origin=0x2000, len=0x0f80 /* 8k-128 word*/
            VECT:    origin=0x2f80, len=0x80 /* 128word*/
    PAGE 1: DATA:    origin=0x3000, len=0xf80 /* 4k word*/
}
SECTIONS
{
    .text     >PROG PAGE 0
    .cinit    >PROG PAGE 0
    .switch   >PROG PAGE 0
    vect      >VECT PAGE 0
    .data     >DATA PAGE 1
    .bss      >DATA PAGE 1
    .const    >DATA PAGE 1
    .sysmem   >DATA PAGE 1
    .stack    >DATA PAGE 1
}
```

有关本程序的说明如下。

(1)子程序参数:

N1:序列 x[i]的长度。

N2:冲激响应 h[i]的长度。

y_real:卷积和的实部。

n:卷积和的长度。

(2)程序流程如图 6.17 所示。

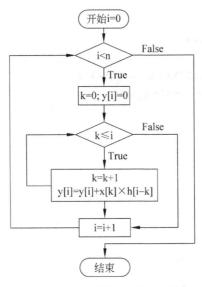

图 6.17　卷积算法子程序流程图

(3)程序执行后的波形如图 6.18 所示,显示了两个矩形脉冲信号卷积前后的波形图。

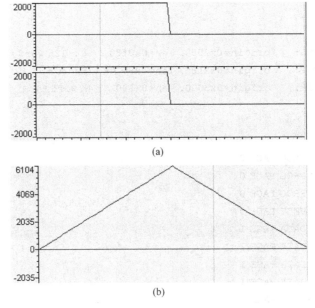

图 6.18　卷积运算结果

6.3.5
相关算法的 DSP 实现

因为我们将功率谱密度直接定义为相关函数的傅里叶变换，所以要分析信号的功率谱密度必须先讨论相关函数的估计。

广义平稳随机信号 x(n)和 y(n)的相关函数定义为：

$$r_{xy}(m) = E\{x^*(n)y(n+m)\} \tag{6.3}$$

如果 x(n)、y(n)是各态遍历的，则式(6.3)中的集合平均可以由单一样本序列的时间平均来实现，即

$$r_{xy}(m) = \lim_{N\to\infty} \frac{1}{2N+1} \sum_{n=-N}^{N} x^*(n)y(n+m) \tag{6.4}$$

如果观察的点数 N 为有限值，则求 r(m)估计值的一种方法是

$$\hat{r}(m) = \frac{1}{N} \sum_{n=0}^{N-1} x_N(n)x_N(n+m) \tag{6.5}$$

由于 x(n)只有 N 个观察值，因此对于每一个固定的延迟 m，可以利用的数据只有 N−1−|m|个，且在 0～N−1 的范围内，$x_N(n)=x(n)$，所以在实际计算$\hat{r}(m)$时式(6.5)变为

$$\hat{r}(m) = \frac{1}{N} \sum_{n=0}^{N-1-|m|} x(n)x(n+m) \tag{6.6}$$

$\hat{r}(m)$的长度为 2N−1，这是有偏估计。无偏估计为

$$\hat{r}(m) = \frac{1}{N-|m|} \sum_{n=0}^{N-1-|m|} x(n)x(n+m) \tag{6.7}$$

例 6.7 编写程序，实现两正弦波的相关运算。

(1) 主程序 main.c 如下：

```
#include "math.h"
#define   n    128         /* input array x,y length */
#define   m    2*n-1
#define   pi   4.0*atan(1.0)
int i,k,j,mode;
float sum_real,t_real,temp_real;
float x_real[n],y_real[n];
float r_real[m];
extern c54init();
main()
{
    unsigned int t;
    k=0;
    sum_real=0;
    t_real=0;
    temp_real=0;
    mode=1;                 /* 0-无偏相关估计;1-有偏相关估计; */
    c54init();
```

```
for(i=0;i<n;i++)
{
    x_real[i]=0;
    y_real[i]=0;
    r_real[i]=0;
}
for(i=0;i<n;i++)
{
    x_real[i]=1.0*(sin(2*pi*i/n));
    y_real[i]=1.0*(cos(2*pi*i/n));
}
for(k=0;k<n;k++)
{
    sum_real=0;
    for(j=0;j<n-k;j++)
    {
        temp_real=y_real[j];
        t_real=x_real[j+k]*temp_real;
        sum_real=sum_real+t_real;
    }
    if(mode==0)
    {
        r_real[n-1-k]=sum_real/(float)(n-k);
    }
    else
    {
        r_real[n-1-k]=sum_real/(float)n;
    }
}
for(k=0;k<n;k++)
{
    sum_real=0;
    for(j=0;j<n-k;j++)
    {
        temp_real=y_real[j+k];
        t_real=x_real[j]*temp_real;
        sum_real=sum_real+t_real;
    }
    if(mode==0)
    {
        r_real[n-1+k]=sum_real/(float)(n-k);
    }
    else
    {
        r_real[n-1+k]=sum_real/(float)n;
```

```
        }
    }
    for(;;)
    {
        t++;
    }
}
```

（2）链接配置文件.cmd 如下：

```
-c
-h
-l rts.lib
-stack 0x100
MEMORY
{
    PAGE 0: PROG:    origin=0x2000, len=0x0f80
            VECT:    origin=0x2f80, len=0x80
    PAGE 1: DATA:    origin=0x3000, len=0xf80
}
SECTIONS
{
    .text     >PROG PAGE 0
    .cinit    >PROG PAGE 0
    .switch   >PROG PAGE 0
    vect      >VECT PAGE 0
    .data     >DATA PAGE 1
    .bss      >DATA PAGE 1
    .const    >DATA PAGE 1
    .sysmem   >DATA PAGE 1
    .stack    >DATA PAGE 1
}
```

有关本程序的说明如下。

（1）子程序参数：

x_real[n]：原始的输入数据。

y_real[n]：原始的输入数据。

r_real[m]：相关估计值。

n：输入数据长度。

m：输出数据长度。

mode：无偏估计和有偏估计选择。

（2）程序流程如图 6.19 所示。

（3）程序执行后的波形如图 6.20 所示，显示了两个正弦信号相关运算前后的波形图。

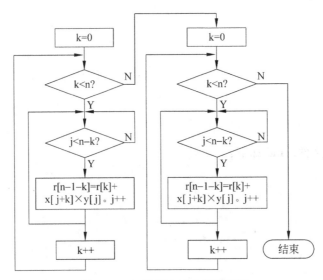

图 6.19　相关算法子程序流程图

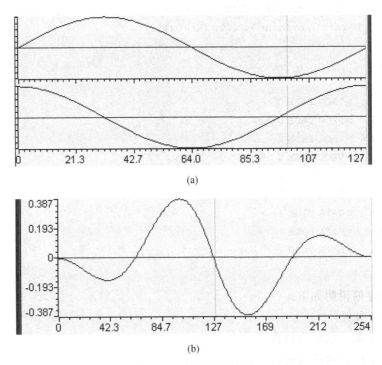

(a)

(b)

图 6.20　相关运算结果

6.3.6　离散余弦变换的 DSP 实现

　　离散余弦变换是与离散傅里叶变换紧密相关的,它是一个独立的线性变换,是正弦正交变换的一种。二维 DCT 变换等效于分别在两个维度上进行一维 DCT 变换,它主要应用在图像的压缩处理、模式识别等方面。

与离散傅里叶变换相比,信号的离散余弦变换(DCT)具有更好的能量压缩性能,仅用少数几个变换系数就可表征信号的总体。这种性质使得它在数据压缩和数据通信中得到广泛的应用。更重要的是,DCT变换避免了繁杂的运算,而且实信号的DCT变换结果仍然是实数。

离散傅里叶变换(DFT)和离散沃尔什变换(DWT)特性可使信号经变换后更好地提取相关特性,从而有利于实现数据压缩。由于DCT变换矩阵更容易体现图像信号和人类语音的相关特性,因而被认为是一种"准最佳变换"(理论上的最佳变换难以完成实时运算,在工程实践中无法采用)。从运算速度考虑,由于DWT中省去了较多乘法运算,因而DWT略优于DCT。然而,近年来在数字信号处理器硬件中,可以做到使乘法指令与加法指令速度一致,从而使DWT的优势不明显。综合考虑以上因素,DCT已成为目前在数字信号图像或语音信号处理领域中应用相当广泛的一种离散正交变换。

Ahmed和Rao于1974年首先给出了离散余弦变换的定义。给定序列 $x(n)$,$n=0,1\cdots N-1$,其离散余弦变换定义为:

$$X_c(0) = \frac{1}{\sqrt{N}} \sum_{n=0}^{N-1} x(n) \tag{6.8}$$

$$X_c(k) = \sqrt{\frac{2}{N}} \sum_{n=0}^{N1} x(n) \cos \frac{(2n+1)k\pi}{2N} \qquad k=1,2,\cdots,N-1 \tag{6.9}$$

变换的核函数为:

$$C_{k,n} = \sqrt{\frac{2}{N}} g_k \cos \frac{(2n+1)k\pi}{2N} \qquad k=1,2,\cdots,N-1 \tag{6.10}$$

是实数,式中系数:

$$g_k = \begin{cases} 1/\sqrt{2} & k=0 \\ 1 & k \neq 0 \end{cases}$$

这样,若 $x(n)$ 是实数,那么它的DCT也是实数;而对傅里叶变换,若 $x(n)$ 是实数,其DFT一般是复数。由此可看出,DCT避免了复数运算。

根据以上式子,DCT可以写成如下形式:

$$X_c(k) = \sqrt{\frac{2}{N}} \text{Re}\left\{ e^{-jk\pi/2N} \sum_{n=0}^{2N-1} x_{2N}(n) e^{-j\frac{2\pi}{2N}nk} \right\} \tag{6.11}$$

由式(6.11)可知,计算一个N点DCT可以通过2N点FFT来实现。具体步骤如下:

(1) 将 $x(n)$ 补N个零形成2N点序列 $x_{2N}(n)$;

(2) 用FFT求 $x_{2N}(n)$ 的DFT,得 $X_{2N}(k)$;

(3) 将 $X_{2N}(k)$ 乘以因子 $e^{-jk\pi/2N}$,然后取实部,得 $X'_{2N}(k)$;

(4) 令 $X_c(0) = \sqrt{\frac{1}{N}} X'_{2N}(0)$,$X_c(k) = \sqrt{\frac{2}{N}} X'_{2N}(k)$。

即完成N点的DCT计算。

例6.8 编写程序,实现8点的DCT运算。

(1) 主程序 main.c 如下:

```c
#include <math.h>
#include <stdio.h>
```

```
#define pi 3.1415925
int n=8;
int N=16;                              /* N=2n */
int r=4;
int k,i,j,bfsize,p,t;
float temp1,temp2,u_real,u_imag,v_real,v_imag;
float wk_real[50],wk_imag[50];
float y_real[50],y_imag[50],z_imag[50],z_real[50];
float x_real[50],x_imag[50];
float xc[50];
float x1_real[50],x1_imag[50],w_real[50],w_imag[50];
float y1_real[50],y1_imag[50],x2_real[50],x2_imag[50];
main()
{
    for(i=0;i<n;i++)
    {
        x1_real[i]=exp(-i);
        x1_imag[i]=0;
    }
    for(i=n;i<N;i++)
    {
        x1_real[i]=0;
        x1_imag[i]=0;
    }
    for(i=0;i<N/2;i++)             /* FFT */
    {
        wk_real[i]=cos(-2*pi*i/N);
        wk_imag[i]=sin(-2*pi*i/N);
    }
    for(i=0;i<N;i++)
    {
        y_real[i]=x1_real[i];
        y_imag[i]=x1_imag[i];
        z_real[i]=x2_real[i];
        z_imag[i]=x2_imag[i];
    }
    for(k=0;k<r;k++)
    {
        for(j=0;j<1<<k;j++)
        {
            bfsize=1<<(r-k);
            for(i=0;i<bfsize/2;i++)
            {
                p=j*bfsize;
                t=i*(1<<k);
```

```
                u_real=y_real[i+p]-y_real[i+p+bfsize/2];
                u_imag=y_imag[i+p]-y_imag[i+p+bfsize/2];
                v_real=u_real*wk_real[t]-u_imag*wk_imag[t];
                v_imag=u_real*wk_imag[t]+u_imag*wk_real[t];
                z_real[i+p]=y_real[i+p]+y_real[i+p+bfsize/2];
                z_imag[i+p]=y_imag[i+p]+y_imag[i+p+bfsize/2];
                z_real[i+p+bfsize/2]=v_real;
                z_imag[i+p+bfsize/2]=v_imag;
            }
        }
        for(i=0;i<N;i++)
        {
            x_real[i]=y_real[i];
            x_imag[i]=y_imag[i];
            y_real[i]=z_real[i];
            y_imag[i]=z_imag[i];
            z_real[i]=x_real[i];
            z_imag[i]=x_imag[i];
        }
    }
    for(j=0;j<N;j++)
    {
        p=0;
        for(i=0;i<r;i++)
        {
            if(j&(1<<i))
                p+=1<<(r-i-1);
        }
        x2_real[j]=y_real[p];
        x2_imag[j]=y_imag[p];
    }
    for(k=0;k<2*n;k++)
    {
        w_real[k]=cos(pi*k/(2*n));
        w_imag[k]=-sin(pi*k/(2*n));
        y1_real[k]=x2_real[k]*w_real[k]-x2_imag[k]*w_imag[k];
        y1_imag[k]=x2_real[k]*w_imag[k]+x2_imag[k]*w_real[k];
    }
    temp1=sqrt(1./n);
    temp2=sqrt(2./n);
    xc[0]=temp1*(y1_real[0]);
    for(k=1;k<n;k++)
    {
        xc[k]=temp2*(y1_real[k]);
    }
```

}

（2）链接配置文件.cmd 如下：

```
-c
-h
-mtest13.map
-otest13.out
test13.OBJ
-lrts.lib
-stack 0x100
MEMORY
{
    PAGE 0: PROG:    origin=1a00h, length=2600h
    PAGE 1: DATA:    origin=0200h, length=2800h
}
SECTIONS
{
    .text      >PROG PAGE 0
    .cinit     >PROG PAGE 0
    .switch    >PROG PAGE 0
    vect       >3f80h PAGE 0
    .data      >DATA PAGE 1
    .bss       >DATA PAGE 1
    .const     >DATA PAGE 1
    .sysmem    >DATA PAGE 1
    .stack     >DATA PAGE 1
}
```

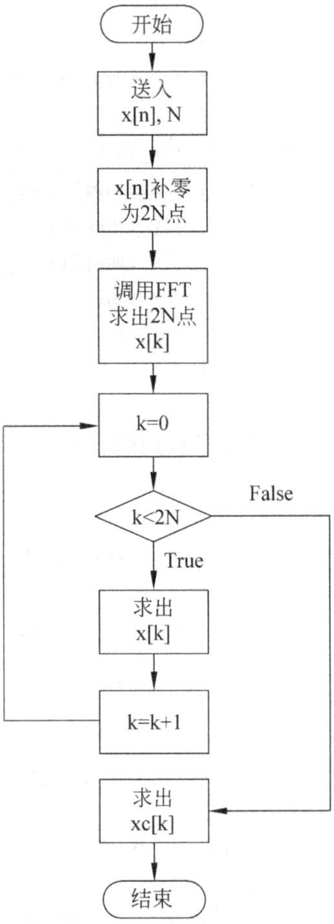

有关本程序的说明如下。

（1）子程序参数：

n：DCT 的点数。

N：$2\times n$,FFT 的点数。

r：FFT 的级数。

xc：n 点的 DCT。

（2）程序流程如图 6.21 所示。

图 6.21　程序流程图

（3）本程序的输入序列的实部 x1_real 为 e 的幂,虚部 x1_imag 为 0,DCT 的点数为 8。程序执行后的输出序列 xc 的值如表 6.4 所示。

表 6.4　输出序列 xc 的值

xc[0]	0.559125	xc[4]	0.196782
xc[1]	0.680647	xc[5]	0.123970
xc[2]	0.474582	xc[6]	0.073031
xc[3]	0.307907	xc[7]	0.033982

6.3.7

自适应滤波器 LMS 算法实现

前面介绍的 FIR 和 IIR 两种具有固定滤波器系数的滤波器,它们的特性都是已知的。但是,许多 DSP 应用场合,由于无法预先知道信号和噪声的特性或者它们是随时间变化的,因此用前两种滤波器显然无法实现最优滤波。在这种情况下,必须设计这样一种滤波器,它具有跟踪信号和噪声变化的能力,使得滤波器的特性也随信号和噪声的变化而变化,以达到最优滤波。这就是具有自学习或训练能力的自适应滤波器。

常规滤波器具有特定的特性,输入信号根据滤波器的特性产生相应的输出。也就是,先有了滤波器构成的权系数,然后决定相应的输出值。但有些实际应用是反过来要求的,即对滤波器输出的要求是明确的,而滤波器特性无法预先知道。采用具有固定滤波器系数的滤波器不能实现最优滤波,必须依赖自适应滤波技术。

一个自适应的滤波器,其权系数可以根据一种自适应算法来不断修改,使系数的冲激响应能满足给定的性能。如图 6.22 所示为自适应滤波器的一般形式。

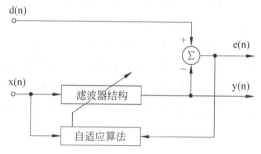

图 6.22 自适应滤波器的一般形式

其中,x(n)为自适应滤波器的输入,y(n)为自适应滤波器的输出,d(n)为期望响应,e(n)为估计误差:

$$e(n) = d(n) - y(n) \tag{6.12}$$

总的讲来,自适应滤波器有两个独立的部分:一个按理想模式设计的滤波器;一套自适应算法,用来调节滤波器全系数使滤波器性能达到要求。由于自适应滤波器在未知或时变系统中的明显优势,它在从电信到控制的众多领域得到广泛应用。自适应滤波器可以采用 FIR 或 IIR 结构,由于 IIR 滤波器存在稳定性问题,因此一般采用 FIR 滤波器作为自适应滤波器的结构,自适应 FIR 滤波器结构又可以分为三种结构类型:横向型结构(Transversal Structure)、对称横向型结构(Symmetric Transversal Structure)、格型结构(Lattice Structure)。这里介绍自适应滤波器设计中最常用的 FIR 横向型结构,图 6.23 为横向滤波器的结构示意图。

其中 x(n)为自适应滤波器的输入,W(n)为自适应滤波器的冲激响应 W(n)={W_0(n),W_1(n),…,W_{N-1}(n)},y(n)为自适应滤波器的输出 y(n)=x(n)W(n)。

$$y(n) = W^T(n)X(n) = \sum_{i=0}^{N-1} W_i(n)x(n-i) \tag{6.13}$$

最常用的自适应算法是最小均方误差算法,即 LMS 算法(Least Mean Square),LMS

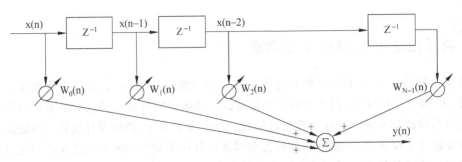

图 6.23　横向滤波器的结构示意图

算法是一种易于实现、性能稳健、应用广泛的算法。所有的滤波器系数调整算法都是设法使 $y(n)$ 接近 $d(n)$，所不同的只是对于这种接近的评价标准不同。LMS 算法的目标是通过调整系数，使输出误差序列 $e(n)=d(n)-y(n)$ 的均方值最小化，并且根据这个判据来修改权系数，该算法因此而得名。误差序列的均方值又叫"均方误差"MSE（Mean Square Error），即

$$\varepsilon = MSE = E[e^2(n)] = E\lfloor (d(n)-y(n))^2 \rfloor \tag{6.14}$$

代入 $y(n)$ 的表达式(6.12)有

$$\varepsilon = MSE = E[d^2(n)] + W^T(n)RW(n) - 2W^T(n)P \tag{6.15}$$

其中 $R=E[X(n)X^T(n)]$ 为 $N\times N$ 自相关矩阵，它是输入信号采样值间的相关性矩阵。$P=E[d(n)X(n)]$ 为 $N\times 1$ 互相关矢量，代表理想信号 $d(n)$ 与输入矢量的相关性。

在均方误差达到最小时，得到最佳权系数 $W^* = [W_0^*, W_1^*, \cdots, W_{N-1}^*]^T$。它应满足下列方程

$$\left. \frac{\partial \varepsilon}{\partial W(n)} \right|_{W(n)=W^*} = 0 \tag{6.16}$$

即 $RW^* - P = 0$。

这是一个线性方程组，如果 R 矩阵为满秩，R^{-1} 存在，可得到权系数的最佳值满足

$$W^* = R^{-1}P$$
$$W(n+1) = W(n) - u\nabla(n) \tag{6.17}$$

大多数场合使用迭代算法，对每次采样值就求出较佳权系数，称为采样值对采样值迭代算法。迭代算法可以避免复杂的 R^{-1} 和 P 的运算，又能实现求得式(6.17)的近似解。LMS 算法可以是以最快下降法为原则的迭代算法，即 $W(n+1)$ 矢量是 $W(n)$ 矢量按均方误差性能平面的负斜率大小调节相应一个增量。这个 u 是由系统稳定性和迭代运算收敛速度决定的自适应步长。$\nabla(n)$ 为 n 次迭代的梯度。对于 LMS 算法 $\nabla(n)$ 为式(6.14)的斜率。

$$\nabla(n) = \frac{\partial E[e^2(n)]}{\partial W(n)} = -2E[e(n)X(n)]$$

用瞬间 $-2e(n)X(n)$ 来代替对 $-2E\{e(n)X(n)\}$ 的估计运算，由此得到

$$W(n+1) = W(n) + 2ue(n)X(n) \tag{6.18}$$

以上构成了 DSP 实现的 LMS 算法。LMS 算法的两个优点是：实现起来简单、不依赖模型（model-independent），因此具有稳健的性能；LMS 算法的主要缺陷是收敛速率相对较低。

例6.9 编写程序,实现自适应滤波器 LMS 算法。

(1) 主程序 main. c 如下:

```c
#include <math.h>
#define pi 3.1415926
int N,order;
float x[500],w[50],d[500],e[500],y[500];
main()
{
    int i,j;
    float sum;
    float step=0.0000001;
    N=500;
    order=3;
    for(i=0;i<N;i++)
    {
        x[i]=0;
        d[i]=0;
        e[i]=0;
        y[i]=0;
    }
    for(i=0;i<N;i++)
    {
        x[i]=(float)100*sin(pi*i/20);
        d[i]=x[i-2];
    }
    for(i=0;i<order;i++)
        w[i]=0;
    for(i=order;i<N;i++)
    {
        sum=0;
        for(j=0;j<order;j++)
            sum=sum+x[i-j]*w[j];
        y[i]=sum;
        e[i]=d[i]-y[i];
        for(j=0;j<order;j++)
            w[j]=w[j]+2*step*e[i]*x[i-j];
    }
}
```

(2) 链接配置文件. cmd 如下:

```
-c
-h
-mtest16.map
-otest16.out
```

```
test16.OBJ
-lrts.lib
-stack 0x100
MEMORY
{
    PAGE 0: PROG:      origin=3200h, length=0E00h
    PAGE 1: DATA:      origin=0200h, length=3000h
}
SECTIONS
{
    .text     >PROG PAGE 0
    .cinit    >PROG PAGE 0
    .switch   >PROG PAGE 0
    vect      >3f80h PAGE 0
    .data     >DATA PAGE 1
    .bss      >DATA PAGE 1
    .const    >DATA PAGE 1
    .sysmem   >DATA PAGE 1
    .stack    >DATA PAGE 1
}
```

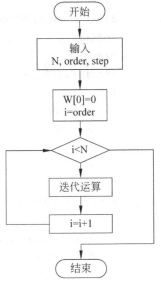

有关本程序的说明如下。

(1) 子程序参数：

N：迭代次数；   order：阶数；

step：步长；   x[i]：输入信号；

d[i]：期望信号；   e[i]：误差信号；

y[i]：输出信号。

(2) 程序流程如图 6.24 所示。

图 6.24 程序流程图

(3) 程序执行后的波形如图 6.25 和图 6.26 所示。

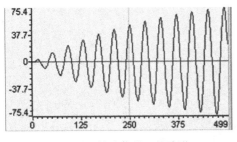

图 6.25 输出信号 y 的波形

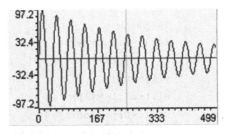

图 6.26 误差信号 e 的波形

说明：输入信号 x 为一正弦信号，期望信号 d 为输入信号左移得到的正弦信号。

6.4 用 C 语言和汇编语言混合编程

汇编语言编写程序具有代码效率高、程序执行速度快、可以合理地利用芯片硬件资源等优点，但是编程过程繁琐、可读性差、依赖于硬件资源使得其可移植性也较差；C 语言作为国际上广泛流行的高级语言,具有很好的可移植性,但是实时性不理想,无法在任何情况下都合理地利用硬件资源。C语言与汇编语言混合编程是一种很好的解决思路,能更好地达到设计要求。第5章和第6章介绍了汇编语言和C语言的设计方法,本章将在此基础上简要介绍两种语言混合编程方法。

C语言和汇编语言的混合编程方法主要有以下几种。

(1) 独立编写C程序和汇编程序,分开编译或汇编形成各自的目标代码模块,然后用链接器将C模块和汇编模块链接起来。例如,主程序用C语言编写,中断向量文件(vector.asm)用汇编语言编写。这种方法工作量大,但是比较灵活,能做到对程序的绝对控制。

(2) 在C程序与汇编语言中相互调用变量或常数。

(3) 在C程序中直接内嵌汇编语句。用此种方法可以在C程序中实现C语言无法实现的一些硬件控制功能。

6.4.1 独立编写C程序和汇编程序

独立的C和汇编模块接口是一种常用的C和汇编语言接口方法。采用此方法在编写C程序和汇编程序时,必须遵循有关的调用规则和寄存器规则。调用规则和寄存器规则已在前面做了详述,如果遵循了这些规则,那么C和汇编语言之间的接口是非常方便的。C程序可以直接引用汇编程序中定义的变量和子程序,汇编程序也可以引用C程序中定义的变量和子程序。

例6.10 独立编写C程序和汇编程序实例。

C程序:

```
extern int asmfunc();          /*声明外部的汇编子程序*/
                               /*注意函数名前不要加下画线*/
int gvar;                      /*定义全局变量*/
main()
{
int i=5;
i=asmfunc(i);                  /*进行函数调用*/
}
```

汇编程序:

```
_asmfunc:                      ;函数名前一定要有下画线
STL A,*(_gvar)                 ;i的值在累加器A中
ADD*(_gvar),A                  ;返回结果在累加器A中
RET                            ;子程序返回
```

6.4.2 C程序与汇编语言相互访问数据

C程序与汇编语言相互访问数据时,必须保证数据有相同的命名规则,以方便找到同一数据。在C语言中的变量名放在汇编程序中时,需要在变量名前加下画线,才可以被正确

识别。

1. C 语言访问汇编程序变量和常量

在 C 程序中访问汇编语言定义的变量和常量,根据变量和常量定义的位置和方法的不同,通常有以下两种方式。

(1) 访问在.bss 段中定义的变量

实现方法如下:首先将需要访问的变量定义到.bss 段中,然后利用.global 将变量说明为外部变量,在汇编变量名前加下画线"_"为前缀声明要访问的变量,并在 C 程序中将变量说明为外部变量(extern),然后就可以像访问普通变量一样正常访问。

例 6.11 C 程序访问汇编程序变量。

汇编程序:

```
.bss   _var,1              ;注意变量名前都有下画线
.global  _var;             ;声明为外部变量
```

C 程序:

```
external  int var;         /*声明为外部变量*/
var  =l;
```

(2) 访问非.bss 段定义的变量和常量

如需访问非.bss 段定义的变量和常量,方法更复杂一些。最常用的方法是在汇编语言中定义一个表,然后在 C 语言程序中通过指针来访问。在汇编程序中定义此表时,最好定义一个单独的段。然后,定义一个指向该表起始地址的全局标号,可以在链接时将它分配至任意可用的存储器空间。如果要在 C 程序中访问它,则必须在 C 程序中以 extern 方式予以声明,并且变量名前不必加下画线"_"。这样就可以像访问其他普通变量一样进行访问。

例 6.12 C 程序中访问汇编常数表。

汇编程序:

```
   .global _sine            ;定义外部变量
   . sect "sine_tab"        ;定义一个独立的块装常数表
_sine :                     ;常数表首址
   .double 0.0
   .double 0.015
   .double 0.022
```

C 程序:

```
extern double sine[ ];      /*定义外部变量*/
double * sine_ptr=sine;     /*定义一个 C 指针*/
f=sine_ptr[2];              /*访问 sine_ptr*/
```

2. 汇编语言中访问 C 函数

分为两种情况,第一种是传入一个参数,返回一个参数,如 C 语言中定义的 ADD 函数,

在汇编语言引用时命名为_ADD。此时传递参数只有一个,由寄存器 A 负责传递数据;第二种是传递多个参数,返回一个参数,此时需将第一个参数放在累加器 A 中,其余的参数按照逆序压入堆栈,将结果放入累加器 A 中。

6.4.3 C 程序中直接嵌入汇编语句

在 C 程序中直接嵌入汇编语句是一种直接的 C 和汇编的接口方法,这种方法可以在 C 程序中实现 C 语言无法实现的一些硬件控制功能,如修改中断控制寄存器、中断标志寄存器等。

嵌入汇编语句的方法比较简单只需在汇编语句的两边加上双引号和括号,并且在括号前加上 asm 标识符即可。即:

asm(" 汇编语句 ");

如:

asm (" RSBX INTM ");   /* 开中断 */
asm (" SSBX XF ");   /* XF 置高电平 */
asm (" NOP ");

具体使用中有以下几点注意事项:
(1) 使用汇编语言时,编译器不会对嵌入式代码进行检查和分析;
(2) 在汇编语言中使用跳转语句或标记符(LABEL)可能会产生无法预知的结果;
(3) 在汇编语言中不要改变 C 变量的值,但可以读取任何变量的当前值;
(4) 不要使用汇编语句嵌入汇编伪指令;
(5) 汇编语句可以用于在编译器的输出代码中嵌入注释,方法是用星号(*)作为汇编代码的开头,如 asm("*****外部变量");
(6) 在 C 程序中,被访问的任何汇编语言对象或者在 C 中被调用的任何汇编语言函数必须在汇编代码中使用.global 伪指令声明。

习 题 6

一、填空题

1. c_int()函数的主要功能是_____。

2. 在函数调用前,将参数以_____压入运行堆栈,即最右边的参数最先压入栈,然后自右向左将参数依次压入栈,直至第二个参数入栈完毕。

3. 当编译器采用 CPL＝1 的编译模式时,采用_____寻址即可很容易寻址到参数区和局部变量区。

4. 一些 C54x DSP 指令提供了一次读/写 32 位的操作(如 DLD 和 DADD),因此必须保证 32 位对象存放在偶地址开始的内存中,为了保证这一点,C 编译器需要初始化_____,使其为偶数值。

5. C 系统的堆栈可以完成的主要功能是_____,_____,_____,_____。

6. 调用函数时,某些寄存器不必由调用者来保护,而由_____负责保护。

7. C54x DSP 有两种存储器,即程序存储器和数据存储器,_____主要用于装载立即数和可执行的代码,_____主要用于装载变量、系统堆栈以及一些中间运算结果。

8. I/O 空间的访问是对标准 C 语言的扩展,具体方式是利用关键字_____来实现。

二、选择题

1. 下列有关利用汇编语言设计 DSP 的说法错误的是(　　)。

    A. 代码效率高,程序执行速度快

    B. 可以充分合理地利用芯片提供的硬件资源

    C. 程序编写比较简单,可读性较强

    D. 可移植性较差

2. 下列有关利用 C 语言设计 DSP 的说法错误的是(　　)。

    A. 兼容性强　　　　　　　　　　　　B. 可移植性好

    C. 可维护性好　　　　　　　　　　　　D. 可以充分利用芯片硬件资源

3. C54x C 编译器在一个函数中最多可以使用(　　)个寄存器变量。

    A. 1　　　　　　　　B. 2　　　　　　　　C. 3　　　　　　　　D. 4

4. 下列(　　)不是 c_int()函数在初始化系统时主要完成的工作?

    A. 为堆栈产生.stack 段,并初始化

    B. 从.cinit 段将初始化数据复制到.bss 段中相应的变量

    C. 调用 main 函数,开始运行 C 程序

    D. 设置数据类型

5. 堆栈的容量由(　　)设定。

    A. 链接器　　　　　B. 汇编器　　　　　C. 编译器　　　　　D. 仿真器

三、简答题

1. C54x DSP 软件设计通常有哪三种方法? 各自的优缺点是什么?

2. C 语言有哪些主要的特点?

3. 为什么通常需要采用 C 语言和汇编语言的混合编程方法?

4. C 语言和汇编语言的混合编程方法主要有几种? 各有何特点?

5. C54x 的 C 环境中定义的寄存器规则有哪些?

第7章

MATLAB在DSP设计中的应用

以往在设计 DSP 系统时,常用 C 语言等高级语言进行模拟仿真,以验证算法的正确性、可靠性等,然后才用硬件实现。然而,由于 C 语言等高级语言编程相对复杂、调试不方便,而 MATLAB 具有编程简单、调试方便等优点,目前我们在开发新的数字信号处理算法时,通常先用 MATLAB 进行仿真,当仿真结果满意时再把算法修改成 C/C++(或汇编)语言,在硬件的 DSP 目标板上实现。本章首先对 MATLAB 进行概述,了解 MATLAB 软件的安装、配置、使用方法,然后介绍将 MATLAB 与 DSP 开发工具连接起来的软件 CCSLink,最后举例说明 MATLAB 在 DSP 开发中的应用。

7.1 MATLAB 概 述

MATLAB 是 Matrix Laboratory(矩阵实验室)的缩写,是由美国 Mathworks 公司发布的一款计算机辅助设计的数学软件。MATLAB 软件包括 5 大通用功能:数值计算功能(Nemeric)、符号运算功能(Symbolic)、数据可视化功能(Graphic)、数据图形文字统一处理功能(Notebook)和建模仿真可视化功能(Simulink)。MATLAB 基本的数据结构是矩阵,但远远不仅是"矩阵实验室"的概念,它由主包和功能各异的工具箱组成,目前 Mathworks 公司已推出 30 多个应用工具箱。MATLAB 在线性代数、矩阵分析、数值及优化、数理统计和随机信号分析、电路与系统、系统动力学、信号和图像处理、控制理论分析和系统设计、过程控制、建模和仿真、通信系统,以及财政金融等众多领域的理论研究和工程设计中得到了广泛应用。

MATLAB 的主要特点如下:

(1) 功能极强的数值计算及符号计算功能,有超过 500 种数学、统计、科学及工程方面的函数可用;

(2) 具有完备的图形处理功能,实现计算结果和编程的可视化;

(3) 高效简单的程序环境,编写程序快;

(4) 可开放并可扩展的架构;

(5) 功能丰富的工具箱(如信号处理工具箱、通信工具箱等),为用户提供了大量方便实用的处理工具;

(6) 友好的用户界面及接近数学表达式的自然化语言,使学者易于学习和掌握。

7.1.1 MATLAB 软件的安装

本节主要介绍在 Windows 7 操作系统的 PC 上安装 MATLAB R2009a 版本软件的具

体步骤。在安装前需要做一些相应的准备工作：由于病毒监测软件可能会对安装过程产生影响，因而需要关闭所运行的杀毒软件，在安装完成后重新启动病毒监测软件；退出当前运行的其他程序，尤其是要退出正在运行的 MATLAB 软件的其他版本或其副本。

将安装盘放入光驱，或者将光盘拷贝到硬盘，以虚拟光驱打开，这样有利于提高安装速度。如果用户已经安装了 MATLAB，安装界面会打开一个提示对话框让用户选择是否覆盖已经安装的 MATLAB 软件。如果在当前操作系统下，并未安装过 MATLAB 软件，则用户可以按照安装向导提供的信息安装该软件。下面给出这种情况的安装过程。

(1) 单击 setup.exe 文件，安装向导启动，根据需要选择在使用网络或无网络情况下进行安装，如图 7.1 所示。

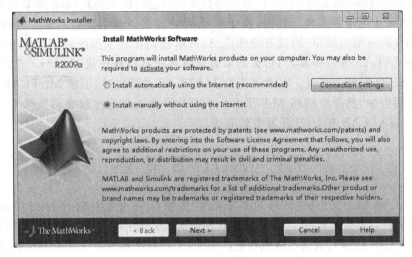

图 7.1　安装向导

(2) 在图 7.2 所示的文本框中输入注册码后单击 Next 按钮进入下一个用户信息界面。

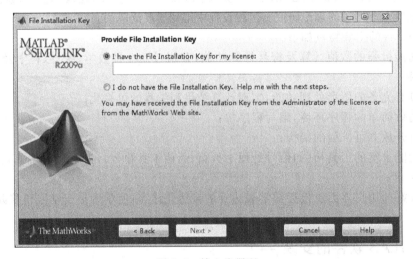

图 7.2　输入注册码

（3）选择安装类型：选择 Typical,则默认选择 MATLAB 推荐的一般用户需要的组件，不需要自己选择；选择 Custom 类型,则由用户根据需要自己选择组件,如图 7.3 所示。

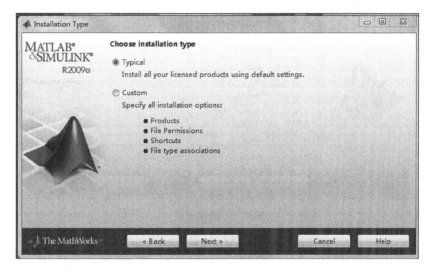

图 7.3　选择安装组件

（4）选择路径,默认路径如图 7.4 所示。

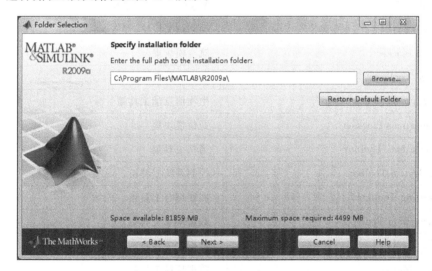

图 7.4　选择安装路径

（5）如果用户选择的是 Custom 类型,则在此处需要根据自己的需要选择组件,其功能组件与以前的版本相比做了较大的修改,可供选择的组件及其功能如表 7.1 所示。表中给出了各个组件的功能解释,用户可以自行取舍。但是对于软件的运行所必需的组件必须选中,如主程序模块、编译器模块、符号数字库等,以及其他所需用的组件。当用户确定选择方案后,就可以单击 Next 按钮进入安装界面,并按照提示完成剩余的安装,如图 7.5 所示。

图 7.5　组件列表

表 7.1　在 MATLAB 中可用选择的安装组件

组　　件	功　　能
MATLAB Distributed Computing Server	分布式计算
MATLAB	MATLAB 主程序模块
Simulink	动态仿真模块
Aerospace Blockset	航空模块集
Aerospace Toolbox	航空工具箱
Bioinformatics Toolbox	生物信息学工具箱
Communications Blockset	通信模块集
Communications Toolbox	通信工具集
Control System Toolbox	控制系统工具箱
Curve Fitting Toolbox	曲线拟合工具箱
Data Acqusition Toolbox	数据采集工具集
Database Toolbox	数据库工具箱
Datafeed Toolbox	数据反馈工具箱
Econometrics Toolbox	经济系统工具箱
EDA Simulator Link	MATLAB 与其他硬件完成 EDA 仿真的链接
EmbeddedIDE Link	嵌入式集成开发环境链接
Filter Design Toolbox	滤波器设计工具箱
Fuzzy Logic Toolbox	模糊逻辑工具箱
GARCH Toolbox	GARCH 工具箱
Image Processing Toolbox	图像处理工具箱

续表

组　件	功　能
Instrument Control Toolbox	设备控制工具箱
LMI Control Toolbox	LMI 控制工具箱
MATLAB Builder	MATLAB 文件编辑器
MATLAB Compiler	MATLAB 编译器
MATLAB Report Generator	MATLAB 报告生成器
MATLAB Runtime Server	MATLAB 运行时间服务器
MATLAB Webs Server	MATLAB 服务器
Mapping Toolbox	地图工具箱
Model Predictive Control Toolbox	模型预测控制工具箱
Model-Based Calibration Toolbox	基于模型标准工具箱
Mu-Analysis and Synthesis Toolbox	MU 分析与合成工具箱
Neural Network Toolbox	神经网络工具箱
Nonlinear Control Design Blockset	非线性控制设计模块集
Optimization Toolbox	优化工具箱
Partial Differential Equation Toolbox	偏微分方程工具箱
Real-Time Windows Target	实时视窗对象
Real-Time Workshop	实时工作室
Real-Time Workshop Embedded Coder	实时工作室内嵌编码器
Requirements Management Interface	需求管理界面
Robust Control Toolbox	强控制工具箱
SB2SL(converts models to Simulink)	模型转换成 Simulink 工具
Signal Processing Toolbox	信号处理工具箱
Sim Mechanics	SIM 机械学
Sim Power Systems	SIM 电力系统
Simulink Performance Tools	Simulink 执行工具箱
Simulink Report Generator	Simulink 报表生成器
Spline Toolbox	样条工具箱
Stateflow	状态流
Stateflow Coder	状态流编码器
Statistics Toolbox	统计工具箱
Symbolic Math Toolbox	符号数学工具箱

续表

组　　件	功　　能
System Identification Toolbox	系统识别工具箱
Virtual Reality Toolbox	虚拟现实工具箱
Wavelet Toolbox	小波分析工具箱
xPC Target	XPC 对象
xPC Target Embedded Option	XPC 对象内嵌属性

7.1.2 MATLAB 的软件环境

　　MATLAB 的工作界面由标题栏、菜单栏、工具栏、命令窗口(Command Window)、工作空间窗口(Workspace)、当前目录窗口(Current Directory)、历史命令窗口(Command History)及状态栏组成,从而为用户使用 MATLAB 提供了集成的交互式图形界面,其工作界面如图 7.6 所示。

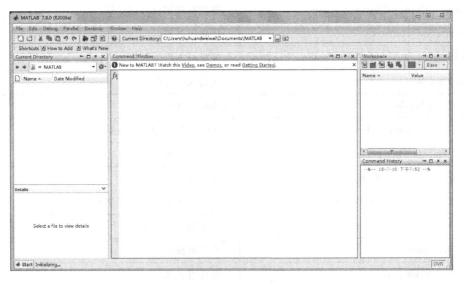

图 7.6　MATLAB 工作界面

　　MATLAB 的命令窗口是其主要窗口,用于接收用户输入命令及输出数据显示的窗口,可以在此输入变量的值、运行函数和 M 文件。当启动 MATLAB 软件时,命令窗口就做好了接收指令和输入的准备,并出现命令提示符(＞＞),在命令提示符后输入指令,包括变量、函数和数值等,这些被放置在 MATLAB 的工作空间中。

　　例如,在＞＞提示符后输入

A=[1 2 3;4 5 6;7 8 9]

按 Enter 键,命令窗口将显示如下内容:

```
A=
   1   2   3
   4   5   6
   7   8   9
```

查看工作空间的另一种方法是使用 whos 命令,在命令提示符后输入 whos 命令,工作空间中的内容概要将作为输出显示在命令窗口中。

有的命令可以用来清除不必要的数据,同时释放部分系统资源。clear all 命令可以用来清除工作空间的所有变量,如果要清除某一特定变量,则需要在 clear 命令后加上该变量的名称。另外,clc 命令用来清除命令窗口的内容。

对于初学者而言,需要掌握的最重要且最有用的命令应为 help 命令。MATLAB 命令和函数有数千个,而且许多命令的功能非常强大、调用形式多样。要想了解一个命令或函数,只需在命令提示符后输入 help,并加上该命令或函数的名称,则 MATLAB 会给出其详细帮助信息。

M 文件编辑/调试窗口可以创建、调试 M 文件,打开 M 文件编辑/调试窗口有如下方法。

1. 创建新的 M 文件

在 MATLAB 工具栏单击“新建文件”按钮,或在 MATLAB 的界面选择 File→New→“M 文件”,或在命令窗口输入 edit 并回车。

2. 打开已有的 M 文件

在 MATLAB 工具栏单击“打开”按钮,或在 MATLAB 的界面选择 File→Open。

关于 MATLAB 的文件名,需注意,M 文件在命名时有一定规则,错误命名时会使 M 文件不能正常运行。M 文件名首字符不能是数字或下画线;M 文件名不能与 Matlab 的内部函数名相同;M 文件名中不能有空格,不能含有中文。保险起见,要求采用英文字母对 M 文件命名。

7.1.3
MATLAB 的基本操作

1. MATLAB 软件的数值计算

(1) 算术运算

MATLAB 可以像一个简单的计算器一样使用,不论是实数运算还是复数运算都能轻松完成。标量的加法、减法、除法和幂运算均可通过常规符号“＋”“－”“＊”“/”,以及“^”来完成。对于复数中的虚数单位,MATLAB 采用预定义变量 i 或 j 表示,一个复常量可用直角坐标形式来表示。

例如,在命令窗口输入(以下凡是程序语句前带有“＞＞”的,都表示在命令窗口输入)

```
>>A=-3-i*4
A=
```

```
-3.0000-4.0000i
```

将复常量−3−i4赋予了变量A。

一个复常量还可用极坐标的形式来表示,例如

```
>>B=2*exp(i*pi/6)
B=
   1.7321+1.0000i
```

其中,pi是MATLAB预定义变量,pi=π。

复数的实部和虚部可以通过real和imag运算符来实现,而复数的模和辐角可以通过abs和angle运算符来实现,应注意辐角的单位为弧度。

例如,复数A的模和辐角、复数B的实部和虚部的计算分别如下:

```
>>A_mag=abs(A)
A_mag=
     5
>>A_rad=angle(A)
A_rad=
      -2.2143
>>B_real=real(B)
B_real=
      1.7321
>>B_imag=imag(B)
B_imag=
      1.0000
```

如果要将弧度值用"度"来表示,则可进行转换,即

```
>>A_deg=angle(A)*180/pi
A_deg=
      -126.8699
```

复数A的模可表示为$|A|=\sqrt{AA^*}$,因此,其共轭复数可通过conj命令来实现,例如

```
>>A_mag=sqrt(A*conj(A))
A_mag=
      5
```

(2) 向量运算

向量是组成矩阵的基本元素之一,MATLAB具有关于向量运算的强大功能。向量被分为行向量和列向量。生成向量的方法有很多,下面主要介绍两种。

① 直接输入向量:即把向量中的每个元素列举出来。向量元素要用"[ ]"括起来,元素之间可用空格、逗号分隔生成行向量,用分号分隔生成列向量。例如

```
>>A=[1,3,5,21]
A=
  1 3 5 21
```

```
>>B=[1;3;5;21]
B=
   1
   3
   5
   21
```

② 利用冒号表达式生成向量：这种方法用于生成等步长或均匀等分的行向量，其表达式为 x＝x0：step：xn。其中，x0 为初始值，step 表示步长或增量，xn 为结束值。如果 step 值默认，则步长默认为 1。例如，

```
>>C=0:2:10
C=
   0 2 4 6 8 10
>>D=0:10
D=
   0 1 2 3 4 5 6 7 8 9 10
```

在连续时间信号和离散时间信号的表示过程中，我们经常要用到冒号表达式。例如，对于 $0 \leqslant t \leqslant 1$ 范围内的连续信号，可用冒号表达式"t＝0：0.001：1;"来近似表达该区间，此时，向量 t 表示该区间以 0.001 为间隔的 1001 个点。

如果一个向量或一个标量与一个数进行运算，即"＋""－""＊""/"以及"^"运算，则运算结果是将该向量的每一个元素与这个数逐一进行相应的运算所得到的新的向量。

例如，

```
>>C=0:2:10;
>>E=C/4
E=
0   0.5000   1.0000   1.5000   2.0000   2.5000
```

其中，第一行语句结束的分号是为了不显示 C 的结果，第二句没有分号则显示出 E 的结果。

一个向量中元素的个数可以通过命令 length 获得，例如，

```
>>t=0:0.001:1;
>>L=length(t)
L=
   1001
```

(3) 矩阵运算

MATLAB 又称矩阵实验室，MATLAB 中矩阵的表示十分方便。例如，输入矩阵 $\begin{vmatrix} 11 & 12 & 13 \\ 21 & 22 & 23 \\ 31 & 32 & 33 \end{vmatrix}$ 在 MATLAB 命令窗口中可输入下列命令得到，即

```
>>a=[11 12 13;21 22 23;31 32 33]
a=
```

```
11  12  13
21  22  23
31  32  33
```

其中,命令中整个矩阵用括号"[]"括起来,矩阵每一行的各个元素必须用逗号","或空格分开,矩阵的不同行之间必须用分号";"或者按 Enter 键分开。

关于矩阵的运算,分很多情况,这里不做详细说明,若有兴趣可以查阅相关资料。

2. MATLAB 软件的符号运算

MATLAB 符号运算功能由工具箱提供的函数命令实现,符号运算是指符号之间的运算,其运算结果仍以标准的符号形式表达。符号运算是 MATLAB 的一个极其重要的组成部分,符号表示的解析式比数值更具有更好的通用性。在使用符号运算之前必须定义符号变量,并创建符号表达式。定义符号变量的语句格式为:

```
syms  变量名
```

其中,各个变量名须用空格隔开。例如,定义 x、y、z 三个符号变量的语句格式为

```
>>symsxyz
```

另一种定义符号变量的语句格式为

```
sym('变量名')
```

例如,x、y、z 三个符号变量定义的语句格式为

```
>>x=sym('x')
>>y=sym('y')
>>z=sym('z')
```

sym 语句还可以用来定义符号表达式,语句格式为

```
sym('表达式')
```

例如,定义表达式 x+1 为符号表达式对象,语句为

```
>>sym('x+1')
```

另一种创建符号表达式的方法是先定义符号变量,然后直接写出符号表达式。

3. MATLAB 软件简单二维图形绘制

MATLAB 的 plot 命令是绘制二维曲线的基本函数,它提供了数据的可视化。
例如,函数 y=f(x)关于变量 x 的曲线绘制的语句格式为

```
plot(x,y)
```

其中,输出以向量 x 为横坐标、向量 y 为纵坐标,且按照向量 x、y 中元素的排列顺序有序绘制图形,向量 x 与 y 必须拥有相同的长度。

绘制多幅图形的语句格式为

```
plot(x1,y1,'str1',x2,y2,'str2',...)
```

其中,用 str1 制定的方式,输出以 x1 为横坐标、y1 为纵坐标的图形;用 str2 制定的方式,输出以 x2 为横坐标、y2 为纵坐标的图形。若省略 str,则 MATLAB 自动为每条曲线选择颜色与线型。

图形完成后,可以通过几个命令来调整显示结果,如 grid on 或 grid 用来显示格线、axis([xmin,xmax,ymin,ymax])函数调整坐标轴的显示范围。其中,括号内的","可用空格代替;xlabel 和 ylabel 命令可为横坐标和纵坐标加标注,标注的字符串必须用单引号引起来;title 命令可在图形顶部加注标题。

用 subplot 命令可在一个图形窗口中按照规定的排列方式同时显示多个图形,方便图形的比较。其语句格式为

```
subplot(m,n,p)
```

或者

```
subplot(mnp)
```

其中,m 和 n 表示在一个图形窗口中显示 m 行 n 列个图像,p 表示第 p 个图像区域,即在第 p 个区域作图。

除了 plot 命令外,MATLAB 提供了 ezplot 命令绘制符号表达式的曲线,其语句格式为

```
ezplot(y,[a,b])
```

其中,[a,b]参数表示符号表达式的自变量取值范围,默认值为[0,2π]。关于两者的区别,简单来说,plot 是根据坐标数值画图,而 ezplot 根据函数式画图。在绘图过程中,可利用 hold on 命令来保持当前图形,继续在当前图形状态下绘制其他图形,即可在同一窗口下绘制多幅图形;可利用 hold off 命令来释放当前图形窗口,绘制下一幅图形作为当前图形。

4. MATLAB 程序流程控制

MATLAB 与其他高级编程语言一样,是一种结构化的编程语言。MATLAB 程序流程控制结构一般可分为顺序结构、循环结构,以及条件分支结构。

MATLAB 中实现顺序结构的方法非常简单,只需将程序语句按顺序排列即可。在 MATLAB 中,循环结构可以由 for 语句循环结构和 while 语句循环结构两种方式来实现。条件分支结构可以由 if 语句分支结构和 switch 语句分支结构两种方式来实现。

for 循环结构用于在一定条件下多次循环执行处理某段指令,其语法格式为

```
for 循环变量=初值:增量:终值
    循环体
end
```

循环变量一般被定义为一个向量,这样循环变量从初值开始,循环体中的语句每被执行一次,变量值就增加一个增量,直到变量等于终值为止。增量可以根据需要设定,默认为 1。end 代表循环体的结束部分。

例如,用 for 循环结构求 1+2+3+…+100,其 MATLAB 源程序为

```
x=0;
fori=1:100
x=x+i;
end
x
```

命令窗口显示：

```
>>
x=
  5050
```

for 循环结构在系统分析中有时用于求积分数值解。

7.2 CCSLink 简介

MathWorks 公司和 TI 公司联合开发的 MATLAB Link for CCS Development Tools 提供了 MATLAB 和 CCS 的接口，即把 MATLAB 和 TI CCS 及目标 DSP 连接起来。MATLAB Link for CCS Development Tools 被集成在 MATLAB 的 Embedded IDE Link CC 工具箱中。利用此工具可以像操作 MATLAB 变量一样来操作 TI DSP 的存储器或寄存器，即整个目标 DSP 对于 MATLAB 似乎是透明的，开发人员在 MATLAB 环境下就可以完成对 CCS 的操作。例如，调用 DSP 目标程序中的函数，读写 DSP 中的某一段存储器或寄存器，开发人员在 MATLAB 环境下就可以完成对 CCS 的操作。例如，调用 DSP 目标程序中的函数、读写 DSP 中的某一段存储器或寄存器、利用 RTDX 实时数据交换等，所有这一切操作只需要利用 MATLAB 命令和对象就能实现，简单、方便、快捷。CCSLink 可以支持 CCS 能够识别的任何目标板，包括 TI 公司的 DSK、EVM 板和用户自己开发的目标 DSP（C2000，C5000，C6000）板。

为了表述简洁，我们一般把 MATLAB Link for CCS Development Tools 简称为 CCSLink。

7.2.1 CCSLink 的功能及特点

集成在 MATLAB 中的 CCSLink 工具把 MATLAB、TI 开始环境（CCS）及硬件 DSP 连接起来，使得开发者在 MATLAB 的环境下就可以完成对 CCS 和硬件目标 DSP 的操作，它提供了 MATLAB、CCS 和目标 DSP 的双向连接，开发者可以利用 MATLAB 中强大的可视化、数据处理和分析函数对来自 CCS 和 TI DSP（C2000，C5000，C6000 系列）的数据进行分析和处理，这样大大简化了 TI DSP 软件开发的分析、调试和验证过程。

利用 CCSLink 工具，可以把数据从 CCS 中传送到 MATLAB 中去，也可以把 MATLAB 中的数据传到 CCS 中，而且通过 RTDX（实时数据交换）技术，可以在 MATLAB 和实时运行的 DSP 硬件之间建立连接，在它们之间实时传递数据而不使 DSP 正在运行的程序停止。在这种情况下，开发者可以在 MATLAB 中改变一个参数或变量，并把此值传递给正在运行的 DSP,从而可以实时地调整或改变处理算法。

MATLAB、CCSLink、CCS 和硬件目标 DSP 的关系如图 7.7 所示。

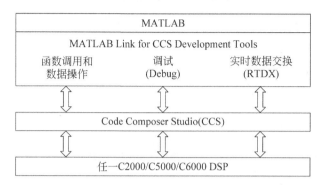

图 7.7 CCSLink 与 MATLAB 和 TI 开发工具及目标 DSP 的连接

CCSLink 的主要特点总结如下:

(1) 提供 MATLAB 函数,可以自动完成调试、数据传递和验证。

(2) 在 MATLAB 和 DSP 中实时传递数据,而不用停止 DSP 中程序的执行。

(3) 支持 XDS510/XDS560 仿真器,可以高速调试硬件 DSP 目标板。

(4) 提供嵌入式对象,可以访问 C/C++ 变量或数据。

(5) 对测试、验证和可视化 DSP 代码提供帮助。

(6) 扩展了 MATLAB 和 eXpressDSP 工具的调试能力。

(7) 符合 TI eXpressDSP 标准。

7.2.2 CCSLink 的配置

MATLAB 集成了 CCSLink 工具,当前的 CCSLink 版本为 3.4。CCSLink 可以支持 CCS 能够识别的任何板卡以及其硬件 DSP,包括 TI C2000、C5000、C6000DSP 及 EVM(评估板)、DSK(初学套件)、Simulator(软件模拟器)以及任何符合标准的用户板和第三方板卡。

除了上述硬件,CCSLink 还需要 Mathworks 公司和 TI 公司的软件产品支持,CCSLink 需要的软件包括 Mathworks 公司的 MATLAB 软件,信号处理工具箱;TI 公司的编译器 (compiler)、汇编器(assembler)、链接器(linker)、CCS IDE、CCS 配置工具及其他工具。

验证 CCSLink 是否在主机上安装成功,要在 MATLAB 命令窗中输入命令:

```
help ccslink
```

如果 CCSLink 安装成功了,则 MATLAB 命令窗中会显示如图 7.8 所示的产品信息。

如果 MATLAB 不能返回任何信息,就需要重新安装 CCSLink。

验证 CCS 是否也在主机系统上安装并配置好,要在 MATLAB 命令窗中输入如下命令:

```
ccsboardinfo
```

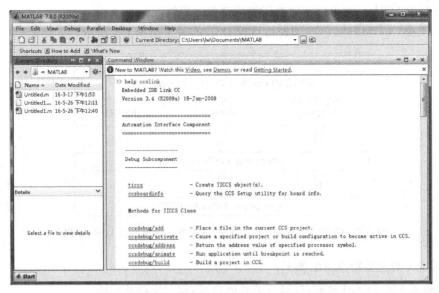

图 7.8 产品信息

如果 CCS 已经安装并配置好,则 MATLAB 命令会返回类似如下的板卡信息:

Board Board Num Name	Proc Processor Num Name	Processor Type
1 sdgo5xx	0 CPU_1	TMS320C5400
0 C54xx Simulator	0 CPU	TMS320C5400

如果 MATLAB 不能返回任何板卡信息,就需要重新安装并配置 CCS。

最后还要确定 CCS 是否能够正确启动,正常情况下 CCSLink 工作时会自动启动 CCS。

7.2.3 CCSLink 的组件内容

开发者利用 CCSLink 提供的 MATLAB 函数完成 MATLAB 与 CCS 和目标 DSP 的存储器及寄存器中的信息交换。CCSLink 提供了以下三个组件内容。

1. 与 CCS IDE 的连接对象

利用此对象来创建 CCS IDE 和 MATLAB 的连接。从 MATLAB 的命令窗中可以运行 CCS IDE 中的应用程序,向硬件 DSP 的存储器或寄存器发送或取出数据,检查 DSP 的状态,而且可以开始和停止 DSP 上运行的程序。

2. 与 RTDX 的连接对象

提供 MATLAB 和硬件 DSP 之间的实时通信通道。利用此连接对象,可以打开、使能、关闭或禁止 DSP 的 RTDX 通道,利用此通道可以实时地向硬件目标 DSP 发送和取出数据而不用停止 DSP 上正在执行的程序。例如把原始数据发送给程序进行处理,并把处理结果取回到 MATLAB 空间中进行分析。

RTDX 连接对象实际上是 CCS 连接对象的一个子类,在创建 CCS 连接对象的同时创建 RTDX 连接对象,它们不能分别创建。

3. 嵌入式对象

在 MATLAB 环境中创建一个可以代表嵌入在目标 C 程序中的变量的对象。利用嵌入式对象可直接访问嵌入在目标 DSP 的存储器和寄存器中的变量,即把变量 C 程序中的变量作为 MATLAB 的一个变量对待。在 MATLAB 中收集 DSP 程序中的信息,转变数据类型,创建函数声明,改变变量值,并将信息返回到 DSP 程序中,所有这些操作都在 MATLAB 环境下完成。

实际上,无论连接对象还是嵌入式对象都作为 MATLAB 中的一种对象来对待。与 MATLAB 中的所有面向对象编程一样,可以设置和获取对象的属性及属性值,即在 MATLAB 中对所有对象的操作方式是一样的,只是对应的属性及属性值不同而已。

嵌入式对象利用连接对象来访问目标 DSP 的存储器和寄存器内容,因此在利用嵌入式对象之前必须先创建连接对象。

7.2.4　CCSLink 的连接对象

创建连接对象最简单的方法是利用函数 ccsdsp 来创建一个具有默认属性值的连接对象和 RTDX 连接对象。RTDX 连接对象实际上是 CCS IDE 连接对象的一个子类。

1. 创建连接对象

函数 ccsdsp 可用来创建一个连接对象。例如创建一个 CCS IDE 连接对象时,在 MATLAB 命令窗中输入如下命令:

```
cc=ccsdsp
```

cc 为 CCS IDE 连接对象的句柄。如果上述 MATLAB 命令后面没有加分号,MATLAB 命令窗中会列出连接对象 cc 的属性及其默认的属性值:

```
CCSDSP Object:
  API version      : 1.3
  Processor type   : TMS320C5400
  Processor name   : CPU
  Running?         : No
  Board number     : 0
  Processor number : 0
  Default timeout  : 10.00 secs
  RTDX channels    : 0
```

观察上面 MATLAB 命令窗中列出的属性信息,可以看到 CCS IDE 连接对象和 RTDX 连接对象是同时创建的,它们不能分开创建。RTDX 连接对象是 CCS 连接对象的一个成

员,如果输入如下命令:

```
Rx=cc.rtdx
```

则 rx 成为 CCS IDE 对象中 RTDX 成员的一个句柄。在对 RTDX 通道进行操作的函数中(例如 readmat 和 writemsg),rx 可以替代 cc.rtdx 作为这些函数的输入参数。在 MATLAB 命令窗中输入 rx,会显示如下 rx 属性信息:

```
RTDX channels    : 0
```

2. 修改和获取连接对象的属性值

类似于 MATLAB 的其他对象,CCSLink 中的对象也具有一些预先定义的域,称为对象属性,而且每一属性都分配一个值,叫做属性值。有些属性值可以设置,有些则不能。用户可以在创建对象时设置属性值,也可以在创建之后再改变这些属性值。有些属性值是只读的,因此不能设置。而有的属性值,例如目标板号和 DSP 号,在创建对象设置完成后就变成只读的了,因此在创建之后就不能再修改它们。

(1) 创建连接对象时直接设置属性值

通过在 ccsdsp(连接对象创建函数)中添加入口参数,可以在创建连接对象的同时直接设置属性值,应注意:

① 表示属性名的字符串放入单引号内,并且属性名之间用逗号相隔;

② 每一属性名的后面应是其设置的属性值,也以逗号相隔,如果属性值也为一字符串,也要将其放入单引号内。

例如:

```
cc=ccsdsp('boardnum',1,'procnum',0,'timeout',5);
```

boardnum、procnum 都是属性名。它表示:创建一个连接对象,此连接表示 MATLAB 与主机上的第二个 DSP 板(0 表示第一个 DSP 板)建立了连接关系,并设置全局超时值为 5s (默认为 10s)。

利用此方法可以对多个属性进行设置。

(2) 利用 set 函数设置属性值

当创建完一个连接对象后,可以利用 set 函数来修改此连接对象的属性值。

```
set(cc,'timeout',8)
```

利用 set 函数修改完属性后,可以再利用 get 函数来查看修改后的属性值。

例如:

```
get(cc)
    rtdx: [1x1 rtdx]
    apiversion: [1 3]
    ccsappexe: 'D:\ti\cc\bin\'
    boardnum: 0
    procnum: 0
    timeout: 8
```

```
       page: 0
```

（3）利用 get 函数获取对象属性

例如：

```
v=get(cc,'apiversion')
v=
    1    3
```

上例用 get 函数获取连接对象句柄 cc 的 apiversion 属性值，并把此值分配给一个变量 v。

（4）利用直接属性查询方法来设置和获取属性值

利用类似于 MATLAB 结构体查询的方法来设置和直接获取一个对象的属性值。

例：

```
cc.rtdx,numChannels=4
```

上例首先创建一个具有默认属性值的连接对象，然后利用直接属性查询方法来修改超时和 RTDX 通道数目的属性值。可以利用同样的设计方法来获取属性值。

例如：

```
>>num=cc.rtdx,numChannels
RTDX channels  : 0

numChannels=
     4
```

上例利用直接属性查询方法来获取 RTDX 通道数目的属性值，并把此值分配给 num 变量。

（5）连接对象属性

CCSLink 提供了 MATLAB 与 CCS 和目标硬件的连接，开发人员利用此连接使 MATLAB 与 CCS 和目标 DSP 进行通信。每一次连接包括两个对象：CCS IDE 连接对象和 RTDX 连接对象。每一对象都具有多个属性，通过设置这些属性值来配置对象。

表 7.2 列出了 CCS IDE 和 RTDX 连接对象的所有属性。

表 7.2 连接对象属性

属性名	应用对象	用户可否设置	描　　述
apiversion	CCS IDE	否	报告 CCS IDE API 的版本号
boardnum	CCS IDE	是/创建时	指定 CCS IDE 可识别目标板的索引号
ccsappexe	CCS IDE	否	指定 CCS IDE 可执行文件所在的路径
numchannels	RTDX	否	某一连接对象所打开的 RTDX 通道数
page	CCS IDE	是/默认	默认的存储器页
procnum	CCS IDE	是/创建时	目标板上 DSP 的索引号

续表

属性名	应用对象	用户可否设置	描　　述
rtdx	RTDX	否	指定 RTDX
Rtdxchannel	RTDX	否	标识 RTDX 通道的字符串
timeout	CCS IDE	是/默认	连接对象的全局超时设定
version	RTDX	否	报告 RTDX 软件的版本号

7.2.5
CCSLink 的函数

CCSLink 中提供了多种函数来对 CCS IDE 连接对象、RTDX 连接对象和嵌入式对象进行操作。表 7.3 中列出了对 CCS IDE 连接对象进行操作的函数,表 7.4 中列出了对 RTDX 连接对象进行操作的函数。表 7.5 为嵌入式对象操作函数。

表 7.3　CCS IDE 连接对象操作函数

函　数　名	描　　述
activate	激活 CCS IDE 中的某一个文件、工程或编译链接配置
add	向 CCS IDE 当前的工程中添加一个文件
address	返回符号的地址和存储器页
animate	运行目标 DSP 上的应用程序,到达断点处后更新 CCS IDE 窗口,然后继续运行
build	编译链接 CCS IDE 中当前的工程
ccsboardinfo	返回 CCS IDE 识别的目标板(或软件模拟器)及 DSP 信息
ccsdsp	创建一个 CCS IDE 的连接对象
cd	改变 CCS IDE 的工作路径
clear	清除与 CCS IDE 的连接
close	关闭 CCS IDE 中打开的文件
delete	删除 CCS IDE 文件中的调试点
dir	列出 CCS IDE 当前工作目录中的文件
disp	显示 CCS IDE 连接对象的属性
get	获取 CCS IDE 连接对象的属性值
goto	定位程序计数器 PC 到指定的程序代码位置
halt	终止目标 DSP 上某一过程的执行
info	返回目标 DSP 的信息
insert	在源文件或地址处加入一个调试点
isreadable	确定 MATLAB 是否可以读指定的存储器段

续表

函　数　名	描　　　　述
isrtdxcapable	确定目标 DSP 是否支持 RTDX
isrunning	确定目标 DSP 是否正在执行程序
isvisible	测试 CCS IDE 是否在桌面上可见
iswritable	确定 MATLAB 是否可以写指定的存储器段
list	从 CCS 中返回各种信息列表
load	把一个可执行文件(.out)加载到目标处理中
new	在 CCS IDE 中创建并打开一个新文本文件、工程文件或编译链接配置
open	加载一个文件到 CCS IDE 中
profile	返回程序的统计剖析信息
read	从目标 DSP 的指定存储器中读取数据
regread	从目标 DSP 的指定寄存器中读取一个值
reload	重新向目标 DSP 加载最近新加载的程序文件
regwrite	向目标 DSP 的指定寄存器中写入一个值
remove	从 CCS IDE 当前的工程中删除一个文件
reset	复位目标 DSP
restart	把程序计数器 PC 复位到当前程序入口处
run	运行目标 DSP 中的程序
save	保存 CCS IDE 中的文件或工程
set	设置对象属性
symbol	从 CCS IDE 中返回最近加载程序的符号表
visible	设置 CCS IDE 窗口是否在桌面上可见
write	向目标 DSP 的存储器写入数据

表 7.4　RTDX 连接对象操作函数

函　数　名	描　　　　述
clear	清除与 RTDX 的连接
close	关闭某一打开的 RTDX 通道
configure	配置 RTDX 通道缓冲器
disable	禁止 RTDX 接口、某一指定的通道或者所有 RTDX 通道
disp	显示 RTDX 连接对象的属性
enable	使能 RTDX 接口、某一指定的通道或所有 RTDX 通道
flush	冲刷某一或多个指定 RTDX 通道的数据或信息

续表

函 数 名	描 述
get	获取 RTDX 连接对象的属性值
info	返回指定 RTDX 连接对象的属性值
isenabled	确定 MATLAB 是否可以读指定的 RTDX 通道
isreadable	确定 MATLAB 是否可以写读指定的 RTDX 通道
msgcount	返回 RTDX 读通道中信息的数目
open	打开一个 RTDX 通道
readmat	从指定的 RTDX 通道中把数据读入矩阵中
readmsg	从指定的 RTDX 通道中读信息
set	设置 RTDX 对象属性
writemsg	向指定的 RTDX 通道写入信息

表 7.5　嵌入式对象操作函数

函 数 名	描 述
addregister	添加寄存器到保留寄存器列表中,这些保留的寄存器位于 savedregs 属性中
assignreturnstorage	给函数的输出结果分配一个存储空间
cast	在 MATLAB 中改变对象的数据类型,不影响目标 DSP 中所访问 C 符号的数据类型
cexpr	在目标 DSP 上执行 C 或 GEL 语言表达式
convert	改变对象的 represent 属性,使其从一种数据类型转变到另一种数据类型
copy	复制一个对象
createobj	创建一个嵌入式对象来代表嵌入在目标 DSP 程序中的 C 变量、数据或函数
deleteregister	从保留寄存器列表中删除某一或多个寄存器
deref	返回一个对象,此对象代表指针所指向的内容
equivalent	返回与输入参数等价的字符串或数值
excute	在目标 DSP 上执行一个函数
getmember	返回一个代表结构体成员的对象
readnumeric	读一个字符串对象并把它换算成对应的 ASC Ⅱ 数值
reshape	改变矩阵的形状

　　通过 CCSlink,无论对 CCS IDE 建立了连接对象还是嵌入式对象,均可在 MATLAB 环境下进行操作,达到了 DSP 内部各种变量的读写和修改,并进行相关的调试过程,具有很大的方便性。所有的操作执行结果,均可以在 MATLAB 和 CCS IDE 环境下进行观测和验证。

7.3　MATLAB 实现 DSP 基本算法

7.3.1 相关算法的仿真

（1）MATLAB 相关函数调用方式：xcorr 函数。

① C＝xcorr(A,B)：当 A 和 B 为长度为 M(M>1)的向量时，返回结果为长度为 2M－1 的互相关序列；如果 A 和 B 的长度不相同，则要对长度小的进行补零操作。如果 A 为列向量，则结果 C 也为列向量；如果 A 为行向量，则结果 C 也为行向量。

② C＝xcorr(A)：估计向量 A 的自相关函数。当 A 为 M * N 的矩阵时，返回结果为 (2M－1)行、N^2 列的矩阵，该矩阵的列是由矩阵 A 所有列之间的互相关函数构成的。

③ C＝xcorr(…,maxlag)：返回长度为 2 maxlag＋1 的相关函数序列，其范围为 －maxlag～maxlag，maxlag 的默认值为 m－1。

④ [C,lags]＝xcorr(…,scaleopt)：参数 scaleopt 用来指定相关函数估计所采用的估计方式。即

biased：有偏估计方式；

unbiased：无偏估计方式；

coeff：对序列进行归一化处理，保证对零滞后的样本数值的自相关序列恒为 1。

none：计算序列的非归一化相关，这是默认方式。

（2）DSP 程序流程如图 7.9 所示。

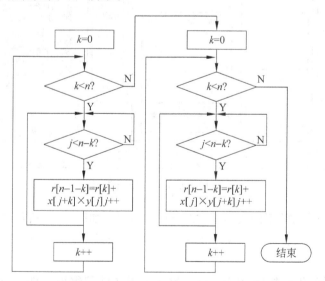

图 7.9　DSP 实现相关算法的流程图

（3）运行 MATLAB 软件，编写名为 correlation.m 的文件。

```
t=[0: 0.1:2 * pi];
x=cos(t);
```

```
y=sin(t);
subplot(3,1,1);
plot(t,x);
subplot(3,1,2);
plot(t,y);
z=xcorr(x,y);
subplot(3,1,3);
plot(z);
```

(4) 调用CCSLink,出现如图7.10所示的界面,界面中定义的w1为一余弦信号,w2为一正弦信号,界面中的w1与w2是用来改变输入信号的倍频数,其倍频数设置的最大值分别是15与10倍频。在"目标板选择"中选择要连接的目标仿真器与CPU(这里仿真器的配置是链接的CCS中目标板的配置,它可以配置多个目标板,但必须选择所使用的仿真器配置。如果使用的是USB仿真器,则选择"C54xx XDS510 Emulator"。若同时安装了两个仿真器,但实际上只使用了一个仿真器时,则会出现检测不到目标DSP的对话框,单击ignore,则可以对另一个仿真器进行连接,在此后的实验中,使用相同的处理方法)。

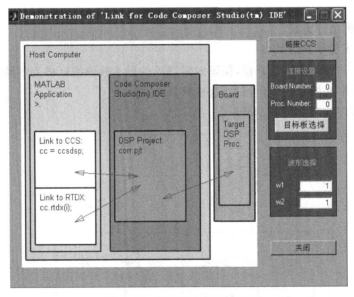

图7.10 调用CCSLink界面

(5) 激活"波形选择"下的文本框,按Enter键,出现如图7.11所示的波形。图7.11的上两个图形分别为输入波形w1、w2,最后的图形,是经过MATLAB计算过的互相关函数序列。

(6) 单击"链接CCS"按钮,依次进行"导入工程文件""编译文件""下载文件""向DSP写入数据"的操作。单击"运行"按钮,得到如图7.12所示的界面,将在图7.11的界面中出现经过DSP处理后的自相关函数序列。如图7.12所示,最后的图形为经过DSP处理后的自相关函数波形。

(7) 单击界面中的"停止运行",等到出现"继续运行"的字样后,画面将被定格,修改

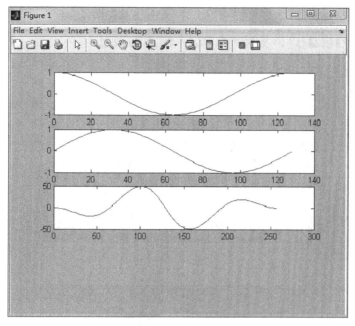

图 7.11　相关运算结果

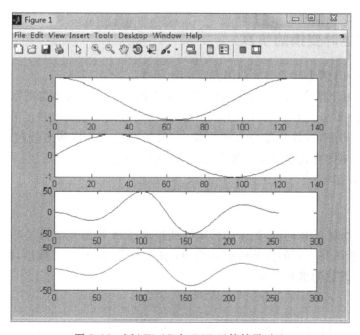

图 7.12　MATLAB 与 DSP 运算结果对比

w1、w2 的频率。例如，如图 7.13 所示是将 w1 改为原始信号的 5 倍频，w2 改为原始信号的 6 倍频，得到的是经 MATLAB 和 DSP 处理后的输出波形。

（8）比较经过 DSP 处理后的信号与 MATLAB 经典算法得出的输出波形，可以验证 DSP 算法的准确性。

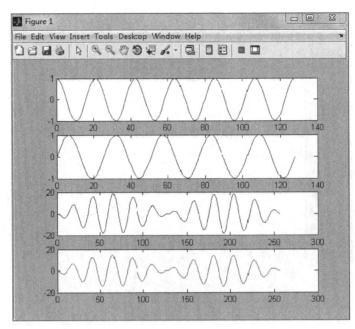

图 7.13 改变频率后的相关运算结果图

7.3.2 快速傅里叶变换的仿真

(1) MATLAB 傅里叶变换的调用方式：fft 函数。

MATLAB 为计算数据的离散快速傅里叶变换提供了一系列丰富的数学函数，主要有 fft、ifft、fft2、ifft2、fftn、ifftn、fftshift、ifftshift 等。当所处理的数据的长度为 2 的幂次时，采用基-2 算法进行计算，计算速度会显著增加。所以，要尽可能使所要处理的数据长度为 2 的幂次或者用添零的方式来添补数据使之成为 2 的幂次。

① fft 和 ifft 函数。

`Y=fft(X)`

参数说明：如果 X 是向量，则采用傅里叶变换来求解 X 的离散傅里叶变换；如果 X 是矩阵，则计算该矩阵每一列的离散傅里叶变换；如果 X 是($N \times D$)维数组，则是对一个非单元素的数组进行离散傅里叶变换。

`Y=fft(X,N)`

参数说明：N 是进行离散傅里叶变换的 X 的数据长度，可以通过对 X 进行补零或截取来实现。

`Y=fft(X,[],dim)` 或 `Y=fft(X,N,dim)`

参数说明：在参数 dim 指定的维上进行离散傅里叶变换；当 X 为矩阵时，dim 用来指定变换的实施方向：dim=1，表明变换按列进行；dim=2，表明变换按位进行。

函数 ifft 的参数应用与函数 fft 完全相同。

② fft2 和 ifft2 函数。

```
Y=fft2(X)
```

参数说明：如果 X 是向量，则此傅里叶变换即变成一维傅里叶变换 fft；如果 X 是矩阵，则是计算该矩阵的二维快速傅里叶变换；数据二维傅里叶变换 fft2(X)相当于 fft(fft(X)′)′，即先对 X 的列做一维傅里叶变换再对变换结果的行做一维傅里叶变换。

```
Y=fft2(X,M,N)
```

通过对 X 进行补零或截断，使得 X 成为(M×N)的矩阵。

函数 ifft2 的参数应用与函数 fft2 完全相同。

fft、ifft 是对数据进行多维快速傅里叶变换，其应用与 fft、ifft 类似。

③ fftshift 和 ifftshift 函数。

```
Z=fftshift(Y)
```

此函数可用于将傅里叶变换结果 Y(频域数据)中的直流成分(即频率为 0 处的值)移到频谱的中间位置。

参数说明：如果 Y 是向量，则交换 Y 的左右两边；如果 Y 是矩阵，则交换 Y 的第一、第三象限和第二、第四象限；如果 Y 是多维数组，则在数组的每一维交换其"半空间"。

函数 ifftshift 的参数应用与函数 fftshift 完全相同。

(2) 运行 MATLAB 软件，编写命名为 ccsfft.m 的文件。

```
t=0:0.1:6 * pi;
ft=sin(2 * pi * t);
Fw=fft(ft);
Fww=abs(Fw).^2;
subplot(2,1,1);
plot(ft);
subplot(2,1,2);
plot(Fww);
```

(3) 与 DSP 相连接的步骤同 7.3.1 节相关算法步骤，此后不再赘述。

(4) 单击"运行"按钮，将出现如图 7.14 所示的波形，第一个图形是从主板上输出的，经过 DSP 采集后信号源中的输入波形为正弦波；第二个波形是将采集的信号进行 MATLAB 的 FFT 分析后得到的波形。

7.3.3 离散余弦变换的仿真

(1) MATLAB 离散余弦变换的调用方式：dct 函数。

① Y=dct(x)：x 为所要进行变换的信号序列。

② Y=dct(x,n)：参数 n 用于指定变换的数据长度，根据 n 的大小对原数据进行截取或补零。Y 为和 x 具有相同长度、x 的 DCT 变换的系数。如果 x 为一矩阵，则此变换为对矩阵的每一列进行 DCT 变换。

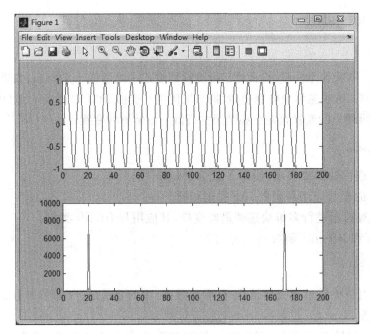

图 7.14　正弦信号的频谱

（2）DSP 程序流程如图 7.15 所示。

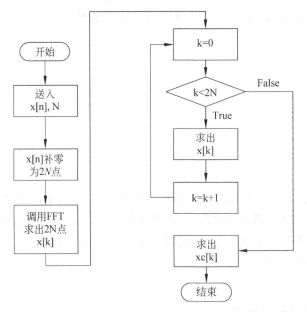

图 7.15　DCT 运算流程图

（3）运行 MATLAB 软件，编写名为 ccsdct.m 的文件。

```
t=0:0.1:6*pi;
A=sin(t);
B=dct(A);      %进行余弦变换
figure;
```

```
C=abs(B);
subplot(2,1,1);
plot(A);
subplot(2,1,2);
plot(C);
```

（4）运行后如图 7.16 所示，图 7.16(a)为输入 DSP 的波形，此为正弦波，图 7.16(b)是信号经 MATLAB 的 DCT 变换后得到的波形。

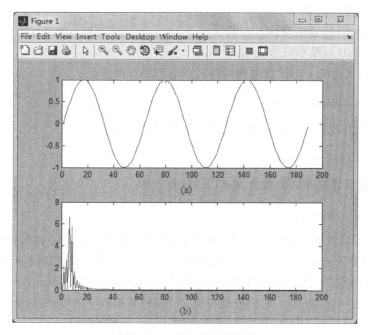

图 7.16　DCT 变换波形图

7.3.4　IIR 滤波器的仿真

（1）MATLAB 设计 IIR 滤波器的方法。

IIR 数字滤波器的设计有多种方法，如频率变换法、数字域直接设计以及计算辅助设计等。基于原型模拟传输函数的频率变换法是设计 IIR 数字滤波器的最常用的方法，包括双线性变换和脉冲响应不变等方法。模拟传输函数的类型有巴特沃斯、切比雪夫 1 型、切比雪夫 2 型和椭圆传输函数等。

IIR 数字滤波器设计包括以下三步。

① 选择接近所使用的滤波器的类型，将数字滤波器指标转换为模拟滤波器指标。

数字滤波器指标转换为模拟滤波器的指标工程上有两种不同的转换方法，一种是脉冲响应不变法；另一种是双线性变换法。

脉冲响应不变法中频率转换的对应关系为：$\Omega = \dfrac{w}{T}$，其中，w 为数字域频率，Ω 为模拟域频率，两者之间成线性关系；双线性变换法中频率转换的对应关系为：$\Omega = \dfrac{2}{T} \tan\left(\dfrac{w}{2}\right)$，其中，w 为数字域频率，$\Omega$ 为模拟域频率，两者之间成非线性关系。

② 根据模拟滤波器指标来估计传输函数的阶数。

其中，用来估计巴特沃斯滤波器的阶数的 MATLAB 命令是：

```
[N,Wn]=buttord(Wp,Ws,Rp,Rs)
```

输入参数解释如下：

Wp：归一化通带边界频率；

Ws：归一化阻带边界频率；

Rp：单位为 dB 的通带波纹；

Rs：单位为 dB 的最小阻带衰减。

用来估计切比雪夫 1 型滤波器的阶数的 MATLAB 命令是：

```
[N,Wn]=cheb1ord(Wp,Ws,Rp,Rs)
```

用来估计切比雪夫 2 型滤波器的阶数的 MATLAB 命令是：

```
[N,Wn]=cheb2ord(Wp,Ws,Rp,Rs)
```

用来估计椭圆滤波器的阶数的 MATLAB 命令是：

```
[N,Wn]=ellipord(Wp,Ws,Rp,Rs)
```

③ 在选择了滤波器类型并估计了其阶数之后，下一步是确定滤波器的传输函数。

MATLAB 对所有以上 4 种类型的滤波器提供了函数，用于确定滤波器的传输函数。

设计巴特沃斯数字低通或带通滤波器的 MATLAB 命令是：$[num,den]=butter(N,Wn)$，输出是向量 num 和 den，它们分别是以 Z^{-1} 的升幂排列的传输函数的分子和分母多项式的系数。

设计 N 阶巴特沃斯数字高通滤波器的 MATLAB 命令是：

```
[num,den]=butter(N,Wn,'high')
```

设计 N 阶切比雪夫 1 型数字滤波器的 MATLAB 命令是：

```
[num,den]=cheby1(N,Rp,Wn)
```

设计 N 阶切比雪夫 2 型数字滤波器的 MATLAB 命令是：

```
[num,den]=cheby2(N,Rs,Wn)
```

设计 N 阶椭圆数字滤波器的 MATLAB 命令是：

```
[num,den]=ellip(N,Rp,Rs,Wn)
```

(2) 运行 MATLAB 软件，建立名为 iir. m 的文件。

```
T=1;
wp=0.2*pi/T;
ws=0.35*pi/T;
rp=1;
rs=10;
```

```
[N,wc]=buttord(wp,ws,rp,rs,'s');
[B,A]=butter(N,wc,'s');
[Bz,Az]=impinvar(B,A);
freqz(Bz,Az)
```

（3）程序说明。

本程序采用脉冲响应不变法，设计一个巴特沃斯低通数字滤波器，设计指标为：

$$\omega_p = 0.2\pi, \quad \alpha_p = 1\text{dB}, \quad \omega_S = 0.35\pi, \quad \alpha_s = 10\text{dB}$$

（4）运行后的结果如图 7.17 所示，第一幅图为巴特沃斯低通滤波器的幅频特性曲线，第二幅图是巴特沃斯低通滤波器的相频特性曲线。

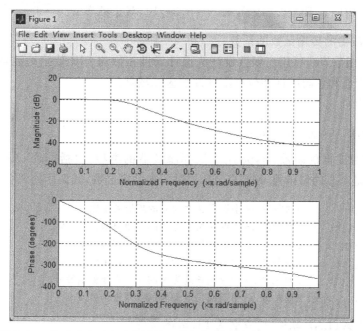

图 7.17　脉冲响应不变法设计的巴特沃斯低通滤波器的幅频和相频特性

7.3.5 FIR 滤波器的仿真

（1）MATLAB 设计 FIR 滤波器的方法。

为了给信号滤波，首先必须根据技术指标设计一个数字滤波器，即求取单位冲激响应 h(n)。

一个截止频率为 W_0(rad/s)的理想数字低通滤波器是物理不可实现的，因为其冲激响应具有无限性和非因果性，为了产生有限区间长度的冲激响应，可以加窗函数将其截短，因此，FIR 滤波器的设计通常采用窗函数法。

FIR 数字滤波器的设计包括以下两步。

① 根据给定的滤波器指标来计算滤波器的阶数和归一化的截止频率。

原则是在保证满足阻带衰减的要求下，根据过渡带宽选择窗函数的类型，估计窗口的长度 N。其中，窗类型的基本参数如表 7.6 所示。

表 7.6　几种常见窗函数的参数

窗函数类型	旁瓣峰值 α_n/dB	过渡带宽度 B_t		阻带最小衰减 α_s/dB
		近似值	精确值	
矩形窗	-13	$4\pi/N$	$1.8\pi/N$	-21
三角窗	-25	$8\pi/N$	$6.1\pi/N$	-25
汉宁窗	-31	$8\pi/N$	$6.2\pi/N$	-44
哈明窗	-41	$8\pi/N$	$6.6\pi/N$	-53
布莱克曼窗	-57	$12\pi/N$	$11\pi/N$	-74
凯塞窗($\beta=7.865$)	-57		$10\pi/N$	-80

例如：汉宁窗中有 $Bt=6.2\pi/N$，则 $N=6.2\pi/Bt$，截止频率 $wc=\dfrac{wp+ws}{2}$。

② 确定滤波器的传输函数的系数。

MATLAB 函数 fir1 可用窗函数设计法设计线性相位的 FIR 数字滤波器，一般是常规的低通、高通、带通和带阻线性相位有限脉冲响应滤波器。

调用格式为：

```
hn=fir1(M,wc,'ftype',window),
```

其中 M 是滤波器的阶数，ftype 用于选择滤波器的类型，包括'high'、'low'、'bandpass'、'stop'，window 是对应的窗函数，MATLAB 提供了各种窗函数，其调用格式分别为：

```
wn=boxcar(N)        %列向量 wn 中返回长度为 N 的矩形窗函数 w(n)
wn=bartlett(N)      %列向量 wn 中返回长度为 N 的三角窗函数 w(n)
wn=hanning(N)       %列向量 wn 中返回长度为 N 的汉宁窗函数 w(n)
wn=hamming(N)       %列向量 wn 中返回长度为 N 的哈明窗函数 w(n)
wn=blackman(N)      %列向量 wn 中返回长度为 N 的布莱克曼窗函数 w(n)
wn=kaiser(N, beta)  %列向量 wn 中返回长度为 N 的凯塞窗函数 w(n)
```

(2) 运行 MATLAB 软件，建立名为 fir.m 的文件。

```
b1=fir1(79,0.1);        %80 点的 FIR 低通滤波器,wn=0.1
b2=fir1(79,0.1,'high'); %80 点的 FIR 高通滤波器,wn=0.1
b3=fir1(79,[0.1 0.3]);  %80 点的 FIR 带通滤波器,通带范围为 0.1~0.3
fvtool(b1,1)            %该工具箱可以查看幅度响应、冲激响应等
fvtool(b2,1)
fvtool(b3,1)
h=buffer(round(b1 * 32768),8)'  %参数×2¹⁵,把小数点移最高位后面后取整,然后排成 8 个
                                  一行便于输出
csvwrite('table1.txt',h)        %参数表输出到文件中
h=buffer(round(b2 * 32768),8)'  %参数×2¹⁵,把小数点移最高位后面后取整,然后排成 8 个
                                  一行便于输出
csvwrite('table2.txt',h)        %参数表输出到文件中
h=buffer(round(b3 * 32768),8)'  %参数×2¹⁵,把小数点移最高位后面后取整,然后排成 8 个
                                  一行便于输出
csvwrite('table3.txt',h)        %参数表输出到文件中
%然后只要把参数表从 table.txt 中拷到代码中,每行前面加上 '.word '
```

```
t=0:1/100000:1/100;                    %采样率为 100kHz,一共采集 1000 个点
x=63 * sin(pi * 3000 * t)+63 * sin(pi * 30000 * t);     %1.5kHz 信号同 15kHz 的信号相叠加
y=filter(b1,1,x);                      %低通滤波结果
%画出输入输出波形
subplot(2,1,1);
plot(x)
subplot(2,1,2)
plot(y)
```

（3）运行后的结果如图 7.18~图 7.21 所示,图 7.18 为设计的 FIR 低通滤波器的幅频特性曲线,图 7.19 为设计的 FIR 高通滤波器的幅频特性曲线,图 7.20 为设计的 FIR 带通滤波器的幅频特性曲线,图 7.21 为信号经过 FIR 低通滤波器处理前后的波形图。

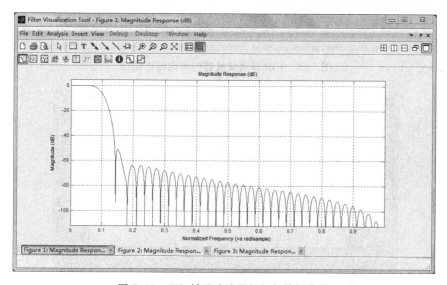

图 7.18　FIR 低通滤波器的幅频特性曲线

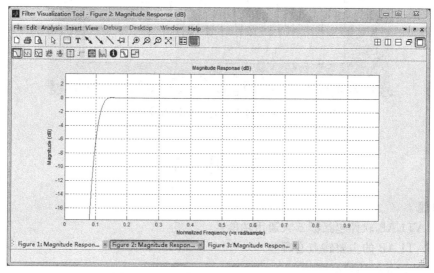

图 7.19　FIR 高通滤波器的幅频特性曲线

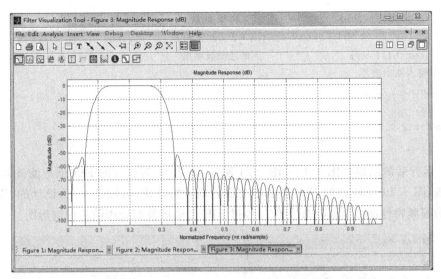

图 7.20　FIR 带通滤波器的幅频特性曲线

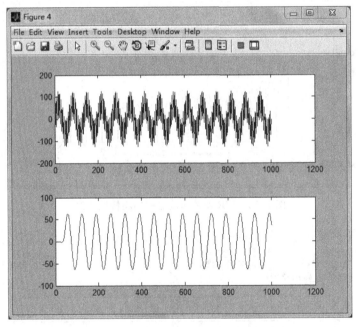

图 7.21　信号经过 FIR 低通滤波器处理的结果

习　题　7

简答题

1. MATLAB 软件包括哪 5 大通用功能？
2. MATLAB 的主要特点有哪些？
3. CCSLink 的功能有哪些？
4. CCSLink 的特点有哪些？

第8章

现代DSP系统设计

8.1 DSP Builder 及其设计流程

DSP Builder 是 Altera 公司推出的数字信号处理(DSP)设计工具,它在 Quartus Ⅱ FPGA 设计环境中集成了 MathWorks 的 MATLAB 和 Simulink DSP 开发软件,它是作为 MATLAB 的一个 Simulink 工具箱出现的。这样使得用 FPGA 设计 DSP 系统完全可以通过 Simulink 的图像化界面进行,从而使设计人员可以在 Simulink 环境中以按键式方式直接生成 DSP 算法的 HDL。

DSP Builder 支持 Altera 公司超大规模 FPGA,整合了整个 DSP 设计与实现的流程,主要包含 SMATLAB/Simulink 仿具库支持,Simulink 模型到 VHDL 的设计转换支持、设计的 VHDL 综合,ModelSim VHDL 仿真库支持,FPGA 的后端布局布线。

通过 Signal Compiler,DSP Builder 将 MATLAB/Simulink 系统仿真、VHDL 综合器、Quartus Ⅱ 工具紧密结合在一起,大大简化了 DSP 的设计与实现流程,具有划时代的意义。

DSP Builder 提供了从 MATLAB/Simulink、VHDL 综合、VHDL 仿真、FPGA 实现的统一的库支持,使仿真验证与设计最大程度地简化。

DSP Builder 支持完全基于 IP Core 的设计,除了数字信号处理所需要的绝大多数的 Core 之外,还支持 Altera 公司的其他 MegaCore,使设计更为容易。其支持的 MegaCore 如下:

(1) FFT Compiler;

(2) FIR Compiler;

(3) IIR Compiler;

(4) NCO Compiler;

(5) Reed-Solomon Compiler;

(6) Symbol Interleaver/Deinterleaver;

(7) Viterbi Compiler。

DSP Builder 的主要特性如下:

(1) 从面向 Altera FPGA 的高级原理图到底层优化 VHDL,包括最新的 20nm FPGA 产品;

(2) 完成具有矢量处理功能的高性能定点和浮点 DSP,例如复数 IEEE 754 单精度浮点;

(3) ALU 折叠用于构建来自均衡数据速率设计的定制 ALU 处理器体系结构;

(4) 高级综合优化、自动流水线插入和均衡、目标硬件映射;

（5）灵活的"白盒"快速傅里叶变换（FFT）工具包，为用户构建定制FFT提供开放分层库和模块；

（6）使用高级Math.h函数和多通道数据；

（7）为所有设计生成资源使用表，不需要进行Quartus Prime软件编译；

（8）为Quartus Prime软件、TimeQuest、Qsys和ModelSim-Altera软件自动生成工程或者脚本。

DSP Builder的设计流程如图8.1所示。

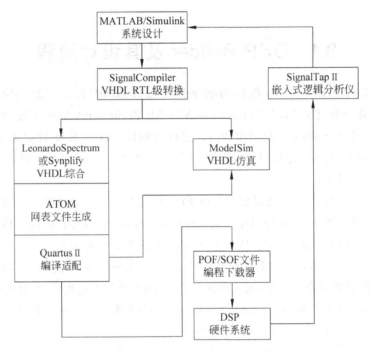

图8.1　DSP Builder设计流程图

8.2　利用DSP Builder设计实例

1. 利用DSP Builder设计正弦波发生器

基本步骤如下：

（1）首先将DSP Builder软件安装在MATLAB的目录下，并按照安装说明进行注册；

（2）在MATLAB软件中建立一个Simulink模型，如图8.2所示。

注意：在该模型中使用的都是Altera DSP Builder库中的元件，而不是普通的Simulink库文件，该Altera DSP Builder库在软件DSP Builder正确安装后会在Simulink库文件中显示出来。

（3）单击Simulink的仿真按钮，然后单击图纸上的示波器，可以看到如图8.3所示的仿真图形。

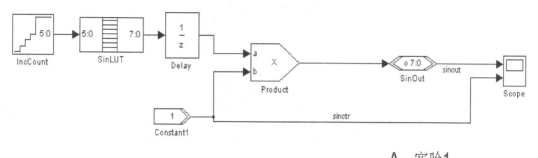

A: 实验1
B: 设计正弦信号发生器
C: 选择Acex系列器件

图 8.2　正弦信号发生器设计模型

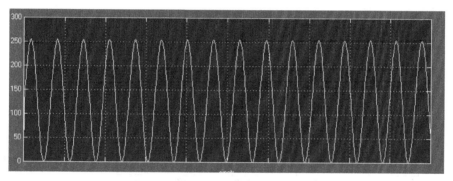

图 8.3　仿真波形

（4）利用 Signal Compiler 控件生成 VHDL 代码，单击如图 8.4 所示的图标。
弹出如图 8.5 所示的对话框。

图 8.4　图标

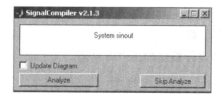

图 8.5　弹出对话框

单击 Analyze 按钮，对该文件进行分析，没有错误后生成如图 8.6 所示的对话框。

利用对话框右侧的 1、2、3 步骤可以生成 QUARTUS 的项目和 VHDL 代码，并可以下载到开发板中进行验证。

2. 其他设计实例

利用 DSP Builder 可以设计出其他的模型，举例如下。

（1）伪随机序列

伪随机序列设计模型如图 8.7 所示。

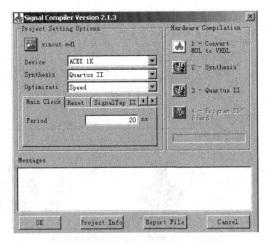

图 8.6　分析

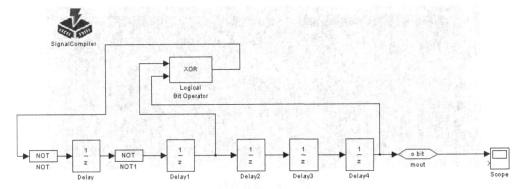

图 8.7　伪随机序列设计模型

注意：在该模型中使用的都是 Altera DSP Builder 库中的元件，而不是普通的 Simulink 库文件，该 Altera DSP Builder 库在软件 DSP Builder 正确安装后会在 Simulink 库文件中显示出来。

（2）FSK 发生器

FSK 发生器设计模型如图 8.8 所示。

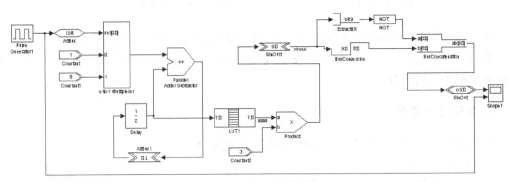

图 8.8　FSK 发生器设计模型

（3）FIR 滤波器

FIR 滤波器设计模型如图 8.9 所示。

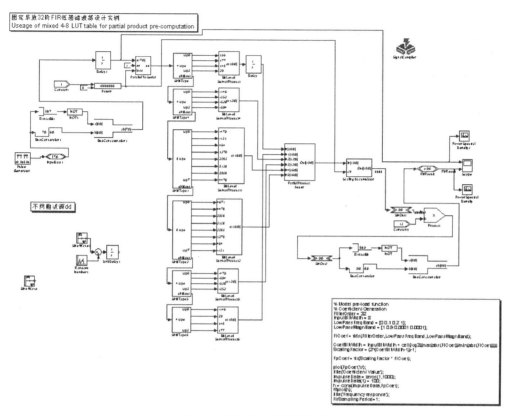

图 8.9　FIR 滤波器设计模型

（4）DDS 发生器

DDS 发生器设计模型如图 8.10 所示。

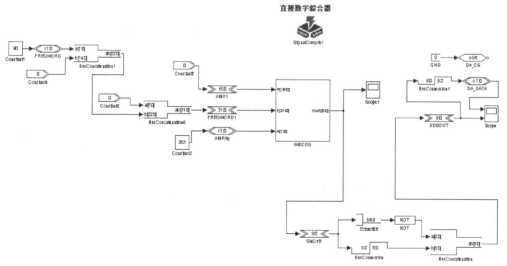

图 8.10　DDS 发生器设计模型

习 题 8

简答题

1. DSP Builder 的功能有哪些?

2. DSP Builder 的主要特点有哪些?

参 考 文 献

[1] 赵红怡.DSP 技术与应用实例(第 3 版).北京：电子工业出版社.2012.

[2] 程佩青.数字信号处理教程.北京：清华大学出版社,2001.

[3] 彭启琮.TMS320C54x 实用教程.成都：电子科技大学出版社,2000.

[4] 湖北：众友科技实业股份有限公司.DSP 实验开发系统.2009.

[5] 张雄伟.DSP 集成开发与应用实例.北京：电子工业出版社,2002.

[6] 戴逸民.基于 DSP 的现代电子系统设计.北京：电子工业出版社,2002.

[7] 黄仁欣.DSP 技术及应用.北京：电子工业出版社,2009.

[8] 张卫宁.DSP 原理与应用教程(第二版).北京：科学出版社,2013.

[9] 曹阳.DSP 原理及实践应用.北京：机械工业出版社,2015.

[10] 钟睿.DSP 技术完全攻略——基于 TI 系列的 DSP 设计与开发.北京：化学工业出版社,2015.

[11] 叶青,黄明,宋鹏.TMS320C54x DSP 应用技术教程.北京：机械工业出版社,2015.

[12] 陈金鹰.DSP 技术及应用(第 2 版).北京：机械工业出版社,2014.

[13] 乔瑞萍,崔涛,胡宇平.TMS320C54x DSP 原理及应用(第二版).西安：西安电子科技大学出版社,2012.